贾东　主编　建筑营造体系研究系列丛书

# 传统聚落营造的装饰艺术研究

王小斌　周桂琳　著

中国建筑工业出版社

**图书在版编目（CIP）数据**

传统聚落营造的装饰艺术研究／王小斌，周桂琳著.
—北京：中国建筑工业出版社，2016.6
（建筑营造体系研究系列丛书）
ISBN 978-7-112-19517-6

Ⅰ.①传… Ⅱ.①王… ②周… Ⅲ.①民居–建筑装饰–
研究–中国 Ⅳ.①TU241.5

中国版本图书馆CIP数据核字（2016）第136959号

责任编辑：唐　旭　李东禧　吴　佳
责任校对：陈晶晶　张　颖

建筑营造体系研究系列丛书

贾　东　主编

## 传统聚落营造的装饰艺术研究

王小斌　周桂琳　著

\*

中国建筑工业出版社出版、发行（北京西郊百万庄）
各地新华书店、建筑书店经销
北京锋尚制版有限公司制版
北京中科印刷有限公司印刷

\*

开本：787×1092毫米　1/16　印张：7½　字数：151千字
2016年6月第一版　2016年6月第一次印刷
定价：29.00元
ISBN 978-7-112-19517-6
（28749）

# 总序

2012年的时候，北方工业大学建筑营造体系研究所成立了，似乎什么也没有，又似乎有一些学术积累，几个热心的老师、同学在一起，议论过自己设计一个标识。在2013年，"建筑与文化·认知与营造系列丛书"共9本付梓出版之际，我手绘了这个标识。

现在，以手绘的方式，把标识的涵义谈一下。

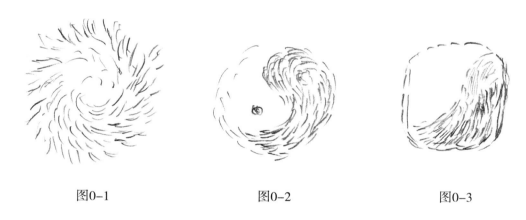

图0-1　　　　　　　　　　图0-2　　　　　　　　　　图0-3

图0-1：建筑的世界，首先是个物质的世界，在于存在。

混沌初开，万物自由。很多有趣的话题和严谨的学问，都爱从这儿讲起，并无差池，是个俗曰，却也好说话儿。无规矩，无形态，却又生机勃勃、色彩斑斓，金木水火土，向心而聚，又无穷发散。以此肇思，也不为过。

图0-2：建筑的世界，也是一个精神的世界，在于认识。

先人智慧，辩证大法。金木水火土，相生相克。中国的建筑，尤其是原材木构框架体系，成就斐然，辉煌无比，也或多或少与这种思维关系密切。

原材木构框架体系一词有些拗口，后撰文再叙。

图0-3：一个学术研究的标识，还是要遵循一些图案的原则。思绪纷飞，还是要理清思路，做一些逻辑思维。这儿有些沉淀，却不明朗。

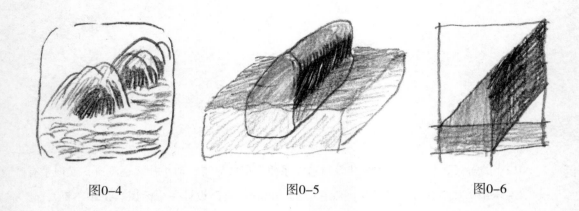

图0-4　　　　　　　　　　图0-5　　　　　　　　　　图0-6

图0-4：天水一色可分，大山矿藏有别。

图0-5：建筑学喜欢轴测，这是关键的一步。

把前边所说自然的大家熟知的我们的环境做一个概括的轴测，平静的、深蓝的大海，凸起而绿色的陆地，还有黑黝黝的矿藏。

图0-6：把轴测进一步抽象化图案化。

绿的木，蓝的水，黑的土。

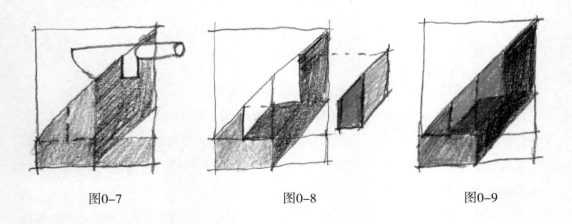

图0-7　　　　　　　　　　图0-8　　　　　　　　　　图0-9

图0-7：营造，是物质转化和重新组织。取木，取土，取水。

图0-8：营造，在物质转化和重新组织过程中，新质的出现。一个相似的斜面形体轴测出现了，这不仅是物质的。

图0-9：建筑营造体系，新的相似的斜面形体轴测反映在产生它的原质上，并构成新的五质。这是关键的一步。

五种颜色，五种原质：金黄（技术）、木绿（材料）、水蓝（环境）、火红（智慧）、土黑（宝藏）。

技术、材料、环境、智慧、宝藏，建筑营造体系的五大元素。

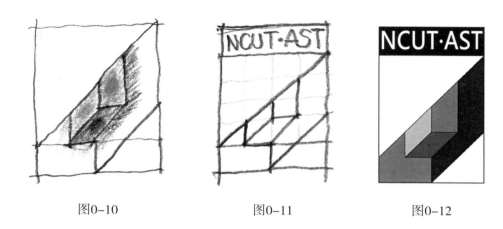

图0-10          图0-11          图0-12

图0-10：这张图局部涂色，重点在金黄（技术）、水蓝（环境）、火红（智慧），意在五大元素的此消彼长，而其人的营造行为意义重大。

图0-11：将标识的基本线条组织再次确定。轴测的型与型的轴测，标识的平面感。NCUT·AST就是北方工业大学/建筑/体系/技艺，也就是北方工业大学建筑营造体系研究。

图0-12：正式标识绘制。

NAST，是北方工大建筑营造研究的标识。

话题转而严肃。近年来，北方工大建筑营造研究逐步形成以下要义：

1. 把建筑既作为一种存在，又作为一种理想，既作为一种结果，更重视其过程及行为，重新认识建筑。

2. 从整体营造、材料组织、技术体系诸方面研究建筑存在；从营造的系统智慧、材料与环境的消长、关键技术的突破诸方面探寻建筑理想；以构造、建造、营造三个层面阐述建筑行为与结果，并把这个过程拓展对应过去、当今、未来三个时间；积极讨论更人性的、更环境的、可更新的建筑营造体系。

3. 高度重视纪实、描述、推演三种基本手段。并据此重申或提出五种基本研究方法：研读和分析资料；实地实物测绘；接近真实再现；新技术应用与分析；过程逻辑推理；在实践中修正。每一种研究方法都可以在严格要求质量的前提下具有积极意义，其成果，又可以作为再研究基础。

4. 从研究内容到方法、手段，鼓励对传统再认识，鼓励创新，主张现场实地研究，主张动手实做，去积极接近真实再现，去验证逻辑推理。

5. 教育、研究、实践相结合，建立有以上共识的和谐开放的体系，积极行动，潜心研究，积极应用，并在实践中不断学习提升。

"建筑营造体系研究系列丛书"立足于建筑学一级学科内建筑设计及其理论、建筑历史与理论、建筑技术科学等二级学科方向的深入研究，依托近年来北方工业大学建筑营造体系研究的实践成果，把研究聚焦在营造体系理论研究、聚落建筑营造和民居营造技术、公共空间营造和当代材料应用三个方向，这既是当今建筑学科研究的热点学术问题，也对相关学科的学术问题有所涉及，凝聚了对于建筑营造之理论、传统、地域、结构、构造材料、审美、城市、景观等诸方面的思考。

"建筑营造体系研究系列丛书"组织脉络清晰，聚焦集中，以实用性强为突出特色，清晰地阐述建筑营造体系研究的各个层面。丛书每一本书，各自研究对象明确，以各自的侧重点深入阐述，共同组成较为完整的营造研究体系。丛书每本具有独立作者、明确内容、可以各自独立成册，并具有密切内在联系因而组成系列。

感谢建筑营造体系研究的老师、同学与同路人，感谢中国建筑工业出版社的唐旭老师、李东禧老师和吴佳老师。

"建筑营造体系研究系列丛书"由北京市专项专业建设——建筑学（市级）（编号PXM2014_014212_000039）项目支持。在此一并致谢。

拙笔杂谈，多有谬误，诸君包涵，感谢大家。

贾　东

2016年于NAST北方工大建筑营造体系研究所

# 目 录

# 第1章 绪论

## 1.1 背景

### 1.1.1 研究缘起

吴良镛先生曾经说过，我们是否要扪心自问，在我国城市建筑发展迅速的时刻，建设形势如此蓬勃发展的时刻，在如今思想自由，讲求创新的时代，吸收全球优秀文化的时刻，中国的文化难道就是"弱势文化"，是否应该考虑一下本土文化，形成具有本土特色的"文化自觉的意识，文化自尊的态度，文化自强的精神"[①]。本书笔者也认为弘扬本土文化，是对本土文化发展的自信心与对全球文化发展的责任心。

传统民居建筑是中华建筑的精髓，是中国居住文化的无字史书，是人类居住模式最具形象的展示形式，但随着时间的流逝，民居建筑受到不同程度的损坏，民居建筑中比较关键并能突出空间艺术氛围和文化品质的传统民居装饰元素也被忽视。在当前的建筑中，民居类建筑很少有出类拔萃之作，国内大家熟知的建筑多为大型公共建筑，因此对现存的传统民居装饰元素的研究就成为当前需要关注的问题。值得庆幸的是人们对传统建筑的关注度没有降低，仍有许多建筑师在设计中的努力创造使传统文化的传承与发展有了广阔的研究前景和巨大的研究价值。他们一方面寻找建筑的本源，延续再现传统建筑，展现其设计的独特性，另一方面又在追求个性，以在传承发展中求得创新。另外许多建筑大师如中国建筑设计院有限公司崔愷院士的"本土设计"等也开始讲求建筑的"本土化"，通过认识、领悟、挖掘、汲取传统民居建筑的装饰元素，使所建建筑生于本土、长于本土、代表本土，力求实现建筑的地域性与时代性的完美结合。另外文物建筑要重新修复，需要寻找已有的装饰元素或者建筑元素作为参考，研究传统民居装饰元素就有了价值与意义。

传统民居装饰元素在民居建筑中占据关键位置，但它的基本特征在当代建筑设计中最难把握与运用，本书将从对传统民居装饰的研究出发，探讨如何将传统民居中长期积累的装饰元素分析研究再应用于当代建筑设计中。但究竟采用什么形式与手段，运用什么方法途径才能达到良好的结果呢？这也将是本书研究的重点。

---

① 吴良镛. 中国建筑文化研究与创造的历史任务 ［J］. 城市规划，2003，27（1）：14.

传统民居装饰是建筑与艺术双向发展的学科。从建筑的定义看，建筑与艺术在某些方面是相通的，在英文中：建筑（architecture）= 艺术（art）+ 技术（technology），从文字表面含义中可得知建筑包含了艺术性与技术性两方面。从建筑师的角色看，建筑大师同为艺术大师，在建筑设计与艺术设计领域的边缘徘徊，把建筑作为一件立体的、放大的具有居住功能的艺术品。传统民居中装饰元素在营造生存空间，促使建筑与艺术领域交融，增强建筑精神功能等方面的作用不断增强。从笔者的专业方向看，作为建筑与艺术跨专业学习的研究生，能够取长补短，有所专长，以传统民居装饰元素为切入点能够更好地把握建筑与艺术两者的契合点。传统民居装饰既是建筑中功能性的建筑构件又是图形化、纹样化的艺术符号，因此我们选择此题目比较符合自己的专业兴趣与专业优势。

笔者参加过2011年中国民族建筑传承创新（武汉—恩施）论坛，曾在恩施州土司城内近距离接触当代建筑大师张良皋先生，89岁的张先生精神焕发，以百倍的精神爬上土司城最高层。张老对当前国内的建筑发展形势发表了自己的看法，"你们作为青年一代，经过努力，可以超越库哈斯、哈迪德，他们来到中国，在中国做建筑……"笔者敬佩张老对传统文化的探索精神，他和吴良镛先生是同辈建筑师，他们对中国传统文化保持着支持的态度，对中国文化的理解以及不懈追求，值得笔者去学习。更重要的是笔者很赞许张良皋先生的观点，中国建筑就是要有中国的本土精神与地域特色，由此也让笔者更加确定研究传统民居装饰元素的意义。

### 1.1.2  研究目的

民居建筑是最普遍的居住形式，是人民大众最能感受到的建筑形式，是其他建筑发展的本源。装饰是社会经济发展的象征，当社会物质文明发展到一定程度，必然会向精神文明发展，当前社会物质产品供应充足，而对于建筑设计就应该在追求其基本物质功能与结构基础上，通过传统民居住宅装饰营造良好的生活与生产空间。

要创造具有地域文化特色的本土建筑，成为时代的代表者、佼佼者，建筑师不仅要领悟代表本土特色的地域文化，还要把握最先进的材料技术与最前卫的建筑设计思潮。本书力图吸收传统民居装饰元素中的优秀基因，立足于当代建筑设计的客观需求，以探索应用为主线，通过对传统民居装饰元素类型特征、形态构成、美学价值的整理分析，利用直接加工转换运用/提取元素有机组合/抽象提炼原理借鉴的多种方法，由物质到精神层次的借鉴分析研究，探求其在当代运用新材料、新技术建筑空间里的新表现，关注对传统民居装饰元素的细部设计，并与产品设计结合，生产个性化的预制构件，因地制宜综合利用，总结其在当代建筑设计中应用的范围及路径，最后通过实际案例实证分析以上相关理论，期望本书具有一定的实际可操作性，实现理论研究和实践紧密结合。

### 1.1.3　研究意义

1. 把握地区自然与文化的差异性，反映各地区建筑文化的独特性。

纵观精致细腻的传统民居装饰元素，是时代发展的产物，是经过历代民众在生活中对优秀技艺传承与创新的结果。它随着时代的变化发展，在社会中起着相同、相似或者相差异的作用。横向分析，传统民居装饰元素因地区的差异性，也存在各自的地方特色。研究其时代性与地区性，能够准确把握传统民居装饰元素的独特性。民居装饰只是建筑的表象形式，但具有多层次、多功能性的特征。首先是形式上的美观、装饰作用，增强建筑的生动性、多彩性；其次是受自然环境及社会环境的影响，掺杂着生态、形态的自然特征以及历史、民族、宗教、习俗等人文特征，更表现出人们的心态及情态的心理特征。

2. 推进中国建筑精细化细部设计发展，综合反映中国建筑文化。

社会经济条件决定技术水平，传统民居装饰依靠手工制作，工匠在亲身雕琢绘画过程中融入自己的情感，更专注于细节的刻画。而当代社会的机械化制造，手工加工推敲的过程变为机械化批量生产的过程，致使现代设计的细部设计中推敲过程的缺失。在社会工业化发展过程中，我们应该追求中国民族特色的、精致化的细部设计、细部制作，让正在发展中的中国建筑有自己的特色，由"中国制造"向"中国创造"迈进。民居装饰元素是研究民居建筑文化及中华文化的一个重要部分，研究传统民居装饰元素要从大处着眼，小处着手，宏观发现问题，微观解决问题，虽管中窥豹，见其一斑，但能以小见大，全面反映建筑的本质特征，表现建筑各部分装饰构件的传承与演变，进而全面地反映中国各地区建筑文化的嬗变过程。

3. 保护传承民族建筑空间装饰文化，恢复中国建筑文化与创作的自信心。

岁月流逝，传统民居中和谐美好的院落风韵已经渐渐远离我们，我们只能从残留的片砖、片瓦与片墙中追寻，甚至只能存在于历史文献资料中。研究现存的装饰元素，对于保护现存遗产，修复已经破损，重建有文化价值的建筑有重要意义。笔者认为修复破损的现存文物建筑具有最重要的意义，它能提供最可靠的原始资料和制作工艺等。当代的中国建筑在国际化浪潮冲击下已经缺乏个性，国内各大城市被称为外国建筑师的实验场，我们要改善这种局面，将传统民居装饰元素更精致地应用于当代建筑设计中，传承、弘扬中国民居装饰文化。

## 1.2　研究范围及概念界定

### 1.2.1　研究范围

本书对传统民居装饰元素的研究是由表及里、由物质形态到历史文化、由整体到局部等三方面的层次不断深入，传统民居装饰元素作为传统民居的表象特征等，进而通过表象

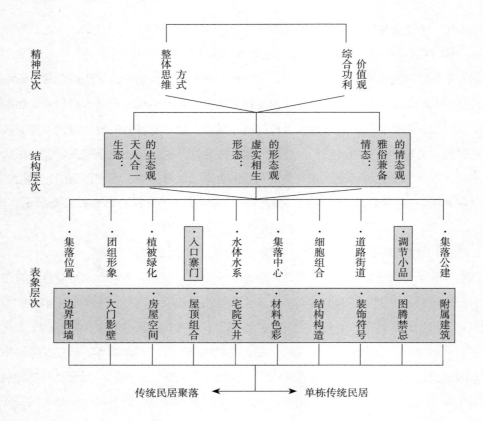

图1-1 中国传统民居多元复合的构成层次

（资料来源：单德启《从传统民居到地区建筑》笔者抄绘）

特征的研究上升为对民居建筑营建研究的观念性指导思想。对此，清华大学建筑学院博士生导师单德启先生作为传统民居研究的专家，对传统民居的研究范围有着自己独特的见解（图1-1）。本书参考单德启先生的研究框架展开，由物质到精神、由实到虚，由微观到宏观的结构进行分析总结。本书的研究对象为传统民居装饰元素，研究范围为装饰构件以及装饰构件表面的图形、图案、纹样以及装饰元素营造的艺术空间。

研究传统民居装饰元素目的是更好地传承与发展，将其应用于当代建筑设计是最好的延续方式。当前建筑设计形式广泛，从规划到建筑周边的景观设计，到建筑单体设计，从宏观到微观，设计内容不断增多，建筑师也关注"传统"，借鉴民居装饰元素，使当代建筑与传统建筑相融合。本书论述的建筑设计就包含多方面的内容，有单体的居住建筑、单体的公共建筑以及大门设计、景观设计等。

### 1.2.2 传统民居

在中国封建社会集权政治的统治下，通常庙宇、衙署、宫殿作为权力的核心，建筑规模大，装饰内容丰富，是大量平民的民居住屋不能相比的，民居似乎成为这些主题建筑的陪衬，特别是经过历史与经济的发展，官式建筑成为当前文物保护建筑的主体，民居建筑主要分布在经济基础落后或者保护较好的地区，其他地区所剩无几。相比而言，民居建筑是延续城市文脉的重要部分。另外，人们开始看到民居在创造社会效益的同时，也创造了经济效益，如把古村落更新改为旅游服务区、商业网点等。

传统民居（traditional residence），通常被理解为民间的居住建筑。中国大百科全书中的定义，认为民居是"宫殿、官署以外的居住建筑的统称"。传统民居主要指本土的（indigenous），民间的（folk或者非官方的officious），乡村的（rural），乡土的（local），自发的（spontaneous），传统的（traditional），服务于民众，与人民的生产生活相关的，经过代代延续相传，用于居住的建筑。传统民居建筑的营建是与自然协调与抗衡的过程，反映一个地区的经济与社会发展情况，具有浓厚的地域特色。尽管民居在整体建筑中的比重较大，但因其是民众各自在家庭里的更新与装饰，规模较小、经济实力有限，整体的建筑格调及风格没有太大的发展突破，从而形成具有各自地域特征及蕴含中国传统地域文化的中国传统民居建筑。本书研究的民居建筑以汉族民居为主，文中少数民族民居的研究仅作为文章辅助说明部分，下面几个民居类型是文中涉及内容较多的汉族民居的代表。

北京四合院民居院落四周都为住房，平面组织围合成"口"字，建筑极为注重朝向，坐北朝南，大门口位于东南方或中间正前方，建筑整体轴线对称。北京民居处在中国首都大环境中，政治氛围浓厚，建筑等级明确，建筑外观简单朴素，庭院内部则为另一个小天地。山东民居如烟台民居与曲阜民居同北京民居有相似之处，都是合院式建筑。山东民居没有北京民居的威严与华丽，它更普通，更贴近民众，建筑体量较小。山东民居受儒家思想的影响，建筑尊卑有序，主次分明，体现了封建社会的伦理等级观念。云南昆明民居以"一颗印"为主，建筑的基本形式也为合院式，建筑平面近似方整，因受经济条件和用地条件限制，整体形制要比北京四合院的形制组合紧密一些，占地也小得多。由于笔者长期关注和调研了皖南徽州民居及村落，同时，徽州的西递、宏村等古村落被选为世界文化遗产之后，日益受到社会各界的关注，徽州民居外部形态简洁明快，但内部装饰元素丰富多样，因此，在本书中也作为一个重要的组成部分加以阐述。

### 1.2.3　装饰元素

装饰（decorate）具有多种词性。作为名词，是装饰构件、装饰品、图案纹样、符号、用实物对环境的修饰；作为形容词，装饰性的，是装饰手法、艺术形式；作为动词，是施工动态过程，一种手段，一种技术；通过艺术加工手法，对生活用品及生活环境的处理，融入文化理念，丰富视觉感受，突出艺术效果，增强艺术内涵，提高环境品质与质量，促进整体环境的和谐统一。

传统民居元素可以认为是民居建筑经过人类历史每个阶段世代相传、沉淀，保留下的历史印记。传统民居装饰元素（decorative element），指对建筑进行艺术加工处理所使用的元素，这些元素能够保护建筑物的主体结构、完善建筑物的物理性能、使用功能和美化建筑物。它以民居建筑为物质载体，经历千百年的传承、演进、延续，去粗取精，凝结人类的智慧与文化审美的结晶，表达"传统"的民居建筑细部元素，具有实用、装饰或者美学欣赏价值的建筑造型、建筑构件、建筑内外图案纹样元素。它们附着于建筑的各个部分的大门、围墙、屋顶、屋檐、木构架、内外装修、家具、陈设、匾额、楹联、字画、构架、围栏、屏风、隔扇等。这些民居中的"传统"包括体现在建筑中的道德伦理、宗教情感、民俗风情、思想观念、生活习惯、艺术修养、社会制度等精神化与物质化表现的装饰符号。

## 1.3 研究方法与内容

### 1.3.1 研究方法

1. 归纳总结

当前关于传统民居建筑装饰的资料相对丰富，而对资料的归纳总结就成为本书工作首先要解决的问题。

2. 调研分析

对传统民居装饰元素的解读最终的归宿是对现代建筑设计产生启示性作用，而传统的装饰元素过于复杂，需要结合一些有代表性的地域建筑室内外空间设计与营建做调研分析与提炼解读，用于指导当代建筑设计。

3. 提炼、组合应用设计（抽象升华）

倘若传统民居装饰元素直接应用于现代建筑设计中，最终建成的建筑就会是仿古建筑，只是徒有其外表形制，而没有保存建筑的文化内涵。本书中对传统民居的装饰元素进行提炼、组合与应用设计，最终达到当代设计追求的形似与神似的有机结合。

4. 实践探索

资料的搜集是本书准备必要的工作，但是要真正了解建筑装饰对建筑的作用，需要将自己的研究成果应用在一定的实际方案设计中加以分析研究，指导以后的具体实践。

### 1.3.2 研究内容

针对现实矛盾，拓宽研究视野，通过建筑学、艺术学与公共环境艺术、美学等多学科的解读，分析当前传统民居装饰元素应用的背景；解读传统民居装饰元素的人文情态；研究传统民居装饰元素的应用中体现的细部设计；结合传统民居装饰元素在当代新材料新技术条件下的应用与发展，倡导工艺水平的提高；总结传统民居装饰元素的运用规律与方法；将在这其中讲述传统民众与当代人的审美观念的差别。

## 1.4　国内外研究现状

### 1.4.1　国内研究现状

本书笔者通过对《中国学术文献网络出版总库》的搜索，检索关键词为"传统民居"并且加"装饰"精确匹配，搜索的时间段为1978年5月1日至2012年1月20日，涉及建筑科学与工程、美术书法雕塑摄影、旅游、考古、文化、民族学、中国民族与地方史志、地理八个专业。所列专业数据的统计总数为651篇，从文章的总篇数看（表1-1），传统民居装饰已被学术界所关注，但相对质量来说是不够的，举例以国内当前的几本建筑与设计专业的重点期刊为例。《新建筑》与《建筑学报》两本建筑专业核心期刊总收录7篇，《装饰》与《艺海》两本艺术专业期刊共收录17篇。这些专业期刊专题主要研究传统民居装饰的建筑特色、门窗装饰艺术、文化内涵、装饰纹饰等方面的课题。

通过对关键词"传统民居"、"装饰元素"、"建筑设计"、"应用"的检索，仅有四篇文章，由此看见，对传统民居装饰元素在当代建筑设计中应用的研究是少之又少的。但目前这方面专项研究的设计师日益增多，书店中关于建筑装饰的书籍可谓是层出不穷，但在这些方面研究的知名专家却屈指可数，他们都有自己独特的见解与研究方向。

在民居装饰方面，新中国成立之后关于民居装饰的书较少，存留的也多为部分图集，其中于1992年由上海科学技术出版社出版陆元鼎与陆琦两位教授著作的《中国民居装饰装修艺术》是民居装饰方面研究较早的论著。文中介绍了国内各地区各民族的装饰装修艺术，用图

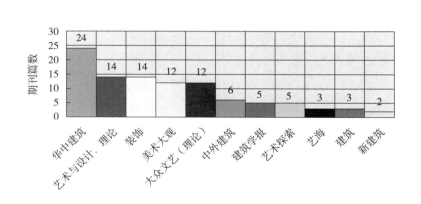

《中国学术文献网络出版总库》核心期刊收录检索数据统计表　　　　　　　　表1-1
（资料来源：笔者自绘）

文并茂的方式介绍我国传统民居装饰的制作工艺与表现手法，并对民居中各部位的装饰元素进行详细的论述与归纳，讲述民居装饰的处理原则及施工工艺，并对装饰艺术的使用工具进行了描述。

在建筑装饰方面，清华大学建筑学院古建筑研究专家楼庆西教授在传统民居方面做出了较大的贡献，其著作有《中国传统建筑装饰》（1999）、《中国美术分类全集24：建筑装饰与装修》（1999）、《乡土建筑装饰艺术》（2006）等。《中国传统建筑装饰》较为详细地阐述古代建筑装饰的起源及形式，详细讲述装饰的内容，并对建筑的门头装饰及建筑色彩分类归纳，并前瞻性地分析古代建筑装饰的集成与今日应用方式。楼先生介绍的乡土建筑的装饰分两部分进行介绍，上篇首先展示乡土建筑各部位的装饰式样，下篇论述了乡土建筑装饰的形态、内容、装饰用材、技艺，对乡土建筑装饰的创作思想等方面分别加以分析，读者看后对乡土建筑的装饰从形式到内容有一个较全面的认识。

在装饰艺术文化方面，同济大学沈福煦教授于2002年著作的《中国建筑装饰艺术文化源流》，文中讲述随历史更替传统建筑装饰的发展概况及历史渊源。整个论述过程按照从先秦时期一直到明清的纵向历史发展顺序展开，能够清晰明了地阐述朝代更替是否会影响建筑装饰的发展。本书不只偏重"正统"的如宫殿、庙宇等方面的建筑对象，也非常注重民间的建筑形式，文章同时对建筑装饰的文化性极为重视，并对建筑装饰艺术的类型做了详细的介绍，分为：上部装饰、下部装饰、室内装饰、细部、小品及其他装饰等内容来分析。

上海大学美术学院设计系刘森林副教授综合研究前人的论述与著作，于2004年出版《中华装饰：传统民居装饰意匠》一书，该书笔者对民居装饰的资料图片进行仔细的整理收集，引经据典，以严谨科学的态度阐述传统民居装饰，以归纳概括的方式梳理传统民居装饰研究的对象、领域、视角、手法、历史现状及价值意义，并探讨民居装饰中蕴含的人文思想与艺术思维。该书力求找出传统民居装饰的发展规律、追溯原型，并有大量的拍摄图片与节点图的手绘表现，是一本实用且有极大参考与艺术价值的图书。

在聚落方面，清华大学单德启先生的《从传统民居到地区建筑》一书，以其与时俱进的内容，概括性地讲述传统民居的发展，情态意向以及与自然的关系，构成层次，传统民居的保护等。单先生的文章为本书提供大的写作方向。北方工业大学王小斌老师撰写《演变与传承——皖、浙地区传统聚落空间营造策略及当代发展》一书，主要陈述聚落与民居和谐共生，以营建空间聚落形态为主线，解读与分析聚落空间的营建机制，探讨传统聚落的空间营建策略。文章从较高的层次探讨民居聚落，通过对社会经济与自然环境等方面的历史分析，解读聚落与民居建筑空间发展，对于本书写作起到较好的参照作用。

另外，当前也涌现出一批热爱传统民居装饰的设计师，他们的著作对笔者分析研究也起到一定促进作用。如王其钧出版的《中国传统建筑雕饰》一书，按照不同的分类方式对雕饰予以介绍，尽可能地把具有代表性的建筑雕饰以文字描述或图片的形式呈现给读者。月生、王仲涛的《中国祥瑞象征图说》，本书记载有500多幅图片，并且配有解释，有些图片用在建筑装饰中，有些用于器皿上，都有解释说明；对于研究装饰的二维平面性到三维雕刻性等装饰构件甚至四维性都是很好的基础材料。在搜集的资料中，传统民居装饰元素受其他许多方面的影响，如服饰、儒家与道家文化，自然环境，人们的审美水平与制作工艺、手工艺以及民间文化等，这些资料对综合理解传统民居装饰元素的特定含义也起到了重要作用。

### 1.4.2　国外研究现状

国外对传统民居装饰专题理论研究较少，建筑师主要通过实际案例解读自己的理论，他们的设计追求建筑与地域结合，立足于本土，探索与本土生态环境相适宜的建筑技术手法。在研究地域性建筑方面较为出色的建筑师有哈桑·法赛、路易斯·巴拉干以及阿道夫·路斯等。

阿道夫·路斯（Adolf Loos），著有《装饰与罪恶》一书，他的一句话"装饰就是罪恶"让人们知道了这位建筑师，这句话表面的意思是对装饰的排斥与否定，而实质是，路斯否认饰面装饰，是对建筑表面装饰的排斥，他认为这种装饰是后加的、寄生于建筑之上的，是对材料与资金的浪费，并强调建筑的装饰应该与材料、结构、精细化加工相联系，建筑要减少劳务与资金的消耗，以提高建筑与精神生活的质量为本。他认为实用物品应该摒弃装饰，并认为这是文化发展的必然，这种装饰与结构的组合关系不恰恰就是我国传统民居装饰元素产生的根源吗？

哈桑·法赛（Hassan Fathy），埃及本土建筑师的代表，在新技术空前发展的时代，他没有背弃传统技术，用埃及传统的泥砖代替流行的水泥，用土坯建造房屋，他的建筑没有过多的装饰，但建筑美感在建筑形体与比例中展现得淋漓尽致。更重要的是，法赛开创了一种新的相互协作的建造模式，由设计者（建筑师）、施工者（工匠）、使用者（村民）共同参与的建造过程，这个过程不仅降低了建造成本，而且延续了村民与工匠协同建造的传统模式，使用者的参与促进了建造与使用的密切配合，也传承了传统的建造工艺，他的代表作品新古纳尔村规划即如此建造。这种设计、施工、使用三方协作的模式，对我国传统民居装饰元素的发展是很好的借鉴。

路易斯·巴拉干（Luis Barrgan）墨西哥建筑师，作品巴拉干住宅、安东尼奥住宅，以情感为媒介，以营造精神空间为归宿，置身空间中能唤醒人们内心深处的情感，在他的建筑中阳光、空气、水相互交融，让所有的作品都饱含诗意，以丰富的色彩营造宁静的空间，体现了墨西哥本土化的地方性色彩。我国的传统民居装饰元素也营造空间氛围，建筑空间是具有诗情画意的人文气息，而不是巴拉干营造的那种源自内心深处的情感呼唤，笔者认为这正

图1-2　阿拉伯传统的穆沙拉比窗
（资料来源：许亮《空间环境系统化设计：设计案例解码》）

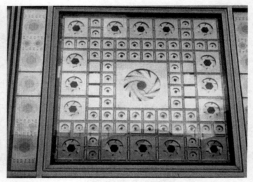

图1-3　法国巴黎阿拉伯世界研究中心
（资料来源：许亮《空间环境系统化设计：设计案例解码》）

体现了地域文化的独特性，装饰元素内涵的丰富性以及民族信仰的差异性。

国外实际案例如：让·努维尔设计的法国巴黎阿拉伯世界研究中心，是将传统装饰元素作为建筑的表皮使用。整个墙面如精美的阿拉伯纹样，精美、细致，该建筑利用相机控光原理控制室内投射的光影变幻，表皮的纹样来源于阿拉伯传统的穆沙拉比窗（图1-2）。整体墙面展现了阿拉伯的地域文化与民族特色，既有功能作用又承载着阿拉伯的历史与文化（图1-3）。

国外建筑多为设计、施工、使用三者协作完成，对于传统民居装饰元素的运用相对较少，但是他们关注人的内心情感、建造的经济价值以及与自然气候的协调性等，从另外的角度给我国装饰元素的发展提供重要的参考。

## 1.5　本书的框架

下页（图1-4）为本书的结构框架图。

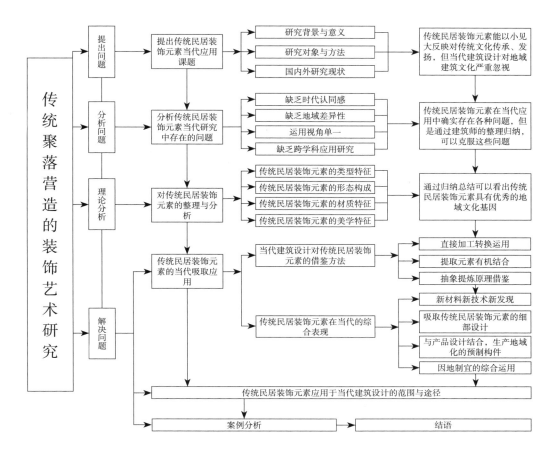

图1-4 本书结构框架图
（资料来源：笔者自绘）

## 小结

当代建筑设计对地域各种传统建筑文化非常忽视，而传统民居装饰元素作为人们在生产、生活中，尤其是居住文化生活中的物质需求与精神需求的载体，在传承与保护中华建筑文化方面起着重要的作用。但是当前对于传统民居装饰元素的研究存在一定的问题，如何解决这些问题并使其为当代建筑设计所用，本书将从发现问题入手，确定研究范围，综合阐述国内外研究现状，结合笔者研究的内容，分析其在建筑设计中合理与适度应用的方法与途径。

# 第2章　传统民居建筑装饰元素在当代研究中存在的问题

在中国当前快速发展的社会经济环境下，城镇化进程也不断加快，致使原有的传统村落生态环境与自然环境受到破坏，特别是农村经济社会的发展，居民要求改善居住状况，传统村落的更新改造出现了很多问题。那些"没有建筑师的建筑"是包含了几代甚至是几十代民众结晶的传统民居装饰元素，在当代不断被抛弃。另外，面对当前以现代钢筋混凝土为主体结构的建筑行业，高速度、高效率快速营建的要求使大量的民居装饰元素正在慢慢地消逝，虽然很多专业人士和文化学者呼吁传承与保护物质与非物质文化遗产，但成效甚微，究其原因，要抓其根本问题，解决当前传统民居装饰元素应用中存在忽视及消逝的现象。

对于传统民居装饰元素的研究，许多设计者、营建者往往只关注于传统图案、传统纹样的描摹，从表象特征感受民居文化，这对深刻研究传统民居装饰元素与在当代建筑设计中传承应用的要求还相差较远。

在地域建筑中，尤其是传统民居中的装饰元素的及其材料工艺，是美学理想及基本价值的综合构成，其中审美是构成传统地域建筑特点的重要组成部分。在当代如何立足于建筑文化、艺术审美及人们普遍的生活需求的角度，系统客观而有重点地分析地域建筑设计中的装饰元素的传承与发展以及未来遗产的价值是非常重要的。

分析传统民居中的木雕、石雕、砖雕、竹雕等，占据数量最多的仍然是木质结构装饰。一方面是由于中华大地几大文明地域都以农耕生活为主，有大量的木材来营建自己的民居、宅院，在民族地区的建筑构件材料中，木制构件使用较多，能工巧匠投入在木质结构装饰元素塑造的时间也比较长，木结构相对易于加工，雕塑成熟后应用在石雕、砖雕上也是水到渠成之事。

中国地大物博，民族也众多，对于少数民族地区，民族装饰构件与装饰元素及符号的研究，可以上升到他们的图腾崇拜，这也是人们用装饰元素来装饰生活，以吉祥生活为出发点与立足点，在中华大地上也构成了丰富的建筑装饰构件的特点。

中华汉民族地区装饰元素与符号做得比较深入与发达的地区，有徽州、浙江东阳、山西晋中、晋南、福建与广东地区的传统民居，都和其家具制造业密切相关，明式家具在江南有很大的市场和民众审美的契机，对明清民居的内部装饰元素与图案符号以及绘画、雕塑都有多层次的表达！

从尺度上看，聚落的山水环境、生活器具、植物景观典故、神话传说等都是装饰符号的设计与构思来源，中国的儒释道文化的根基以及民众对这些文化符号的长期教化、培育与留恋，留下了很多美好的想象，使中华民居空间里的装饰元素显得博大、繁多又寓意深远，虽然古代士大夫认为玩物丧志，但在勤劳节俭的民众眼里适度地追求民居大、小木作及家具里的装饰美感与审美意向，是提升生活品质与质量必经之路，也是水到渠成之事。

笔者思考了传统民居装饰元素的一些功能问题：（1）传统建筑的装饰元素符号的功能为先，审美愉悦，寓教于乐在其后，拓展放大其实用功能，在徽州民居里存在着张扬自己家的财富与实力，也是装饰元素主要通过三雕艺术，即木雕、石雕、砖雕得以较广泛应用的很重要的方面。（2）同一区域不同聚落的民居装饰元素，在不同部位，通过不同材料表现和展示，有不同的视域清晰度，近观与远看会有不同的感知，不同知识背景的人都有深浅不同的文化解读，尤其是很多传统典故都隐含着很多历史文化知识。那么，创作这些传统装饰图案的大画师、大工匠，尤其是艺术水平高的装饰作品的创笔者，说明其总体知识水平和掌控能力强就是不证自明之事！（3）徽州很多挂牌保护的历史保护民居及公共设施与建筑就是上述大师作品的遗作，虽然历史文献没有记载，但我们今天分析研究，要揭示这个问题，阐述这个现象。（4）传统装饰元素如绘画、剪纸、画本小说等图案多是二维，而在民居建筑中，大多是用立体的三维形态表现出来！像浅浮雕、深浮雕、透雕等，若用现代文物艺术的灯光刻画表现，工艺大师的设计智慧和创作心力都会充分地艺术地展现！

在当今的消费时代，传统村落的装饰艺术及旅游产业发展也有一定的积极作用。消费时代与当代城镇化快速发展的年代，传统村落里的民居建筑空间及其装饰艺术都有新的价值和文化传承、弘扬的意义。消费刺激文化艺术的消费，而在当代很多公共建筑、文化馆、艺术馆的空间里，如何将自己民族的地区空间的装饰艺术元素发扬光大，需要积极思考与探索！

在消费时代，很多艺术元素也会得到各个专业人士的深入的挖掘，从各自的研究视角，进行分析、整理和挖掘。地域的传统装饰与绘画艺术，构成、构图艺术形成美的要素，需要得到总结、分析、提升及在当代有文化品位的建筑空间里应用。

在当代地域村落里有很多有价值的民居建筑。不仅村落的空间结构符合生态环境、堪舆学的道理。而且，在当代的村落里，民居建筑里装饰构件、传统字画，都有其美学原则，构成一定的艺术作品模式，在本书里都有一些思考，也希望总结、分析、研究，归纳出一些实用的装饰模式！

当然，在消费时代，社会的发展与进步有两面性。在当今快速城镇化发展的时代，人们的生活水平有所提高，对文化的欣赏需求也越来越高，需要的数量也越来越多，在此背景下，我们结合村落的民居空间及构建装饰艺术挖掘也越来越重要！

当代村落的旅游产业发展也非常快，"农家乐"的乡村及村庄庄园经济的发展，吸引了很多的城市居民在节假日到农村来体验农家乐的综合服务。他们在这里有很多消费，同时，在这里农庄和新的民居里，应将传统民居建筑艺术、装饰艺术、景观盆景园林艺术在院落民居里继承和发扬光大，同时，也能吸引大量游客，推动旅游产业提升与积极发展。

结合当今大数据信息化时代，我们可以结合城市社区与村镇农村开展比较好的旅游活动，如结合文化创意空间与文化消费比较好的场所，吸引更多的市民到乡村来旅游消费。通过对来到乡村对旅游消费人员的信息数据加以客观分析、整理，我们会获得很多第一手的大数据，从而使我们对民居空间、室内环境及公共装饰艺术的应用研究有一个全面的掌握，也有利于我们全面系统地进行理论研究和典型规划设计研究。

## 2.1 传统民居装饰元素研究缺乏时代认同感

认同感是指群体或个人在同一事件中能够达成共同的认识或者评价，对自我及周围环境有意义的或者有价值的评判。时代认同感指在群体或个人对某一事件或者某一看法在某一具体时间达成的一致评判，这一事物成为某个时代大众共同认知的事物。例如一提及中国的青铜器时代，人们首先想到的是商代，是青铜器发展的鼎盛时期，出土的文物非常丰富，青铜器时期又以鼎器作为代表。而在传统民居装饰应用方面，人们似乎没有明确某一时代具体的代表作品及其特征，或者某一具体的流行模式。农耕经济各地区的文化传播较慢，但儒家文化的追求吉祥如意的图案是比较多的。当代较为优秀的建筑设计似乎也没找到某一装饰元素的特定形式与特定代表作品，但是对于传统民居装饰的运用在表现传统文化的公共建筑如餐饮建筑中是很多的。

传统民居装饰元素不是自然而然就形成的，它是不断生长的有机生命体，在历史的长河中经历很长的生命周期，也受到各种自然势态的限制（如洪涝冰雪灾害，装饰材料的变化），经历代代相传、世世积累不断演变而逐渐形成。除去自然因素，每一个朝代的更替会出现战争及宗族、宗教的变化，这些变化过程也会影响到传统民居装饰元素的变化，甚至会出现与时代特征相符合的新的装饰元素。因此每一个装饰符号的出现都有它的历史渊源，要对装饰元素进行深入的研究，要立足于时代认同感的分析，总结形成每个时代所特有的代表性符号。

建筑发展要尊重历史，讲求社会物质文化生活审美与社会历史发展本质的有机统一，传统民居装饰元素也要跟随时代的发展，在创新与发展的同时要注重对历史文化的延续，自信的展示其历史文脉。窗棂的出现有其时代性，由当时的经济发展决定，明代以前民间尚未普遍使用玻璃，而是通过贴窗户纸或其他的透明物质。粘贴的骨架就是窗棂，进而出现各式各样的优美图案如"灯笼柜、步步锦"等。

## 2.2　传统民居装饰元素缺乏地域差异性

在世界文化发展的大潮中，"拿来主义"的"舶来品"已经应用及渗透到建筑设计、艺术设计等多个领域。各专业盲目地跟进，城市规划与建设无个性，自然地域环境对建筑的影响也容易被忽略，传统建筑处于被动状态，地区文化承传的势力因不能与世界一体化与现代化发展的趋势相抗衡，造成其创造力与竞争力不断减弱。整个文化趋向雷同、无差别性，丧失了自身文化的特色和本体。各地区传统民居装饰元素在与世界文化的碰撞交流中发展、演进。

"建筑之始，产生于实际需要，受制于自然，非着意于创新形式，更无所谓派别。其结构之系统及形制之派别，乃其材料环境所形成。"梁思成先生的话说明，建筑最初建造功能是相同的，建筑都是为实际需要而产生，传统民居装饰的产生也与实际结构功能相关，但却因为自然生态环境产生不同的形态、功能。自然生态环境是形成传统民居装饰元素地域差异性的最基本原因，是造成建筑材料的不同的主要因素。自然气候特征造成资源分布不均匀，有的地区森林资源丰富，有的地区石材丰富，有的地区泥土土坯丰富，造成构成民居建筑装饰的原材料不同，最终建筑手法与工艺也是各不相同。

库哈斯设计的中央电视台总部大楼是当代北京新时代建筑的代表，这座建筑虽然被评为"北京当代十大建筑"，但并没有得到社会大众的认同与赞许，反而被认为是外国建筑师将中国作为建筑试验田的典型代表，CCTV新总部大楼在设计理念中考虑到主楼与配楼在形状上的阴阳对比，形式上虽然打破了传统的单栋摩天楼的造型，形成环状建筑空间形体，但是其没有运用任何的传统民居空间形态、形制与装饰元素，其在细节方面不能体现作为北京地区建筑的特有性，其忽视了北京作为中国的首都、政治中心、文化中心的特殊地位，忽视了北京传统四合院民居的影响力与建筑原型，该栋建筑缺乏与地区传统建筑的结合。

我国地大物博且南北跨度大，各地区气候条件相差较大，各地的自然地理与生态环境各不相同，地区特色明显，在建筑方面就是要显示出各地域的建筑特色，从细节寻找传统民居的文脉特征，传统民居装饰元素必然是体现传统文脉的最好出发点。当前许多住宅楼、办公楼都出现建筑设计雷同的情形，随处可见的高层住宅，不管从哪里进入城市，都会看到哪个城市都很相似，以下四图分别为武汉（图2-1）、上海（图2-2）、北京（图2-3）、呼和浩特（图2-4）的城市建筑，从图中我们很难分辨建筑物的归属地，四幅图都为居住建筑，看不出当代的住宅建筑从传统民居中提取的装饰元素。而图中的建筑在装饰方面可以体现武汉的荆楚文化，上海的吴越文化，北京的燕京文化，呼和浩特的草原文化。这四个地区的传统民居装饰元素也各有特征：湖北地区位居华夏之中，衔接南北，地势险峻，水流湍急，气温变化明显，人们性格心理

图2-1　武汉街景

图2-2　上海街景

图2-3　北京街景

图2-4　呼和浩特街景

（以上四图均为笔者自摄）

状态波动较大，传统装饰图案样式怪异，图腾意识重，图案夸张，内涵丰富，尊虎鹤，尚红黑。上海位于长三角地区，是吴越文化的交汇地，近代石库门民居是主要的民居形式，在看似厚重的民居外表下，暗藏着江南民居的特色。石库门门头装饰形式多样，作为民居的标志性构筑物；雕刻精美的木质落地隔扇与百叶窗；上海人生活空间的代名词——弄堂，另作过街楼，是民居内部立面装饰的重点；延续江南民居特点的封火山墙，鳞次栉比。上海作为全国的经济与商业中心，是国内与国外交流的窗口，石库门建筑也是，在继承江南民居特色的同时也融入了国外建筑的种种风格，因此建筑也有部分欧式的风格。北京的京味儿建筑文化就是四合院，不论是体现等级观念的大门，还是影壁上的雕刻图案，以及院内的铺地花纹、檐口的装饰彩画、檐下的窗棂图案，甚至室内的陈设等，都显示出北京的与众不同。呼和浩特作为草原边上的城市，传统的民居以蒙古包为主，其简朴实用，构造简单，组装快捷，外观稳固，抗寒防风性能好，随现代城市发展，蒙古包不适应现代城市的需求，但传统蒙古包的装饰元素却可以用到现代建筑之上。蒙古包多为白色，加上毡包上的刺绣装饰，像绿色草原上晶莹剔透的珍珠，光彩照人。这些特征的鲜明对比可以看出地区建筑及民居装饰的特色与不同，将这些特征运用在当代建筑设计上，可以更好地体现地域的差异性（表2-1）。

当代各地区建筑与传统居民对应表　　　　　　　　　　　表2-1

| 地区 | 当代大量的现代建筑 | 该地区有特色的传统民居 | 传统民居的装饰特点 |
| --- | --- | --- | --- |
| 北京 | | | 院内铺地花纹、檐口装饰彩画、檐下窗棂图案，建筑装饰丰富 |
| 山东 | | | 建筑体量小，造型朴素，装饰部位集中在窗与门上 |
| 云南 | | | 色彩以木材本色为主，窗棂与檐口是装饰重点部位 |
| 上海 | | | 中西结合的建筑风格，立面是装饰重点，延续江南民居特点的封火山墙，鳞次栉比 |
| 内蒙古 | | | 蒙古包多为白色，毡包上用刺绣装饰，与草原环境对比，光彩照人 |

## 2.3 传统民居装饰元素当代运用的视角单一

### 2.3.1 平面化

社会生活飞速变化，传统手工工艺在机械制造业的发展中逐渐被淘汰，人们利用现代机器生产各种面砖及马赛克，作为建筑表面装饰。各种雕刻艺术在人们看来似乎已经没有什么用处，它的装饰作用也被当前流行的面砖所顶替，当某些建筑部位需要装饰的时候，几块拼贴面砖就能把空间装饰得焕然一新，这个时候雕刻艺术与面砖不能相比（图2-5）。面砖有更多的色彩，可以压制各式各样的花纹，表面光鲜亮丽。而恰恰就是面砖这种平面化装饰的出现，使得人们忽略了雕刻艺术产生的魅力——三维光影。

这方面最好的例子就是作为伊斯兰教建筑的代表作——泰姬陵（图2-6），它位于印度阿格拉城郊，虽然是陵墓建筑，其建筑对称布局的方式、与环境协调的能力、华丽优雅的大门、面积很大的长方形花园、北端几何形完美组合的建筑、高大的穹顶、建筑空间组合节奏明快统一等都被后人所称赞，它在表现建筑与环境和谐美的同时，以美妙的姿态讲述梦幻般美丽动人的故事。我们近距离观察泰姬陵，它有更多的色彩展现给我们，那就是它的细部装饰，宫殿入口上方的窗棂，采用大理石透雕方式，遮挡天然光、筛进天然光，在朦胧与昏暗之间，营造了华丽的神圣的艺术殿堂。这些精湛的雕刻艺术在装饰空间从而形成的这个空间具有封闭性，却又包含通透性，而正是这些装饰纹样装饰了泰姬陵，塑造了泰姬陵，让泰姬陵这个建筑充满了空间的灵动性。同样位于北京市的八大处公园中《二十四孝石雕图》（图2-7），雕刻图栩栩如生地描绘了中华民族的忠孝之心，颂扬了中华民族的传统美德。这些人物雕刻形象生动，雕刻场景真实感人，那场面似乎就在眼前，这是任何面砖之类的装饰所不能比拟的。

像泰姬陵中装饰纹样的使用也不是简单搬用，它也是根据当地的实际情况，与伊斯兰教的信仰相一致的。但是当前我国新建建筑中欧式建筑、地中海建筑等风靡流行，但是唯独中式建筑却少见，这对中国文化的保护与传承无疑不是一件好事情。而就建成的具有中式风格的建筑，在装饰元素方面也未必包含了对传统民居装饰的借鉴，仅仅是对传统的照搬照用，要想使中国建筑有更好的发展，我们是要懂得借鉴而创造，而不是简单地搬用。每个民族、每个地区都有自己的特色，简单地搬用只会使得这种特色消逝，进而出现全国各地建筑空间无差异性、无独特性及个性。照搬照用也会丧失建筑创作的灵活性，某些传统民居装饰元素是属于某个特定建筑的，它不是每个建筑都能适用的，是特定地点、特定场所、特定时间的产物。

简单地搬用建筑装饰符号更会使得建筑装饰与环境的不相匹配。当前社会对建筑及室内外环境的装饰已成为人们生活中不可缺少的部分。倘若出现装饰内容与环境的不匹配，出现风马牛不相及的装饰，比如牌匾的放置，每块匾额放的位置都是有讲究的，而不是随意悬

图2-5　山东现代民居面砖装饰　　图2-7　八大处公园石雕
（资料来源：笔者自摄）　　　　　　（资料来源：笔者自摄）

图2-6　泰姬陵透雕窗棂
（资料来源：http://p.pclady.com.cn/picview.jsp?param=ci314248/ca0&ob=0）

挂，否则，将会贻笑大方。简单搬用装饰会导致比例失调，许多建筑是劳动人民在长期的实践与工作经验中总结出来的审美比例，它们来自于大自然，来自于群众生活中最普遍常用的生活尺度，合乎人们的使用及欣赏水平。

建筑面砖的简单搬用与装饰只是传统民居装饰元素平面化问题的一方面，最重要的另一方面是，装饰元素在建筑中起着营造建筑空间运用中缺乏对四维空间营造优化了的考虑。建筑作为由地面、顶棚、墙面三个界面围合的建筑体，人们所利用的就是建筑体内外的空间。只有通过对建筑体的空间限定，空间才会产生实在的应用价值。作为第四维度的时间就最能使三维空间有生命力，有了特定的时间，加之三维界面形状、色彩、尺度、比例等的变化，静止的建筑体空间才会因此有多样性，有动态，呈现如电影画面的动态连续景象，呈现出各自的环境氛围，流动的建筑也就有了自己的风格、功能和很多连续的细节。

### 2.3.2 大批量的生产与营建

中国当代房地产行业的迅猛发展，住宅与公共建筑需求不断增加，使传统民居装饰构件的供应量相对增加，传统手工工匠的榫卯构件已经不能满足市场的需求，机械工业的发展恰恰为市场需求提供了便利。传统的工匠建造只能适合小范围的房屋建筑，现代城市住宅楼房林立，许多建筑要求在很短的时间内完工，用传统的建造方式、传统的门窗工艺等肯定是不行的，因此还是要确定批量化生产给人类带来的便利，承认批量化生产成为社会发展的必然，这些因素都导致传统民居装饰元素人工细部节点认真钻研机会的减少。

人们反对现代工业机器的批量化生产，反对机器生产的粗制滥造，反对的不是"机器"，而是反对批量化过程中存在的问题。例如批量化过程中对传统民居装饰设计标准的忽视，忽视了创造性劳动，忽视了原本经过多少劳动者在劳动中积累的传统民居装饰元素中蕴含的智慧与艺术财富，也忽视了传统民居中装饰为何能在千百年中存在与应用的根本意义。另外人们在追求大规模工业化生产的同时，批量化的过程也忽略了传统民居中人们追寻的生活格调与韵味，失去了传统民居中人们生活的传统文化，也丧失了传统工匠在劳动中所投入的大量人工劳动的工艺和汗水的工作。再者人们只注重建筑外观的快捷营建，却失去了传统民居装饰的本质意味，忽视了传统民居装饰的艺术性。

传统民居装饰元素在每栋建筑中都有与之相对应的意义，精细的制作工艺与对细节节点的思考，也都有自己独特的审美象征及与周围环境的相容性。批量化生产的传统民居装饰构件只注重产品的数量，而对产品的质量及精细性容易忽视。批量化的建筑装饰构件不能做到规格统一，在装配过程中就会出现不能严丝合缝的情况，倘若一个构件出现问题，整个一批装饰构件都会有差错。另外在批量化制造装配过程中，建筑节点、收边等都是由机器控制，加上检查监督过程中的疏忽大意，节点、收边就会出现建筑质量不过关的现象。批量化也会造成对有限资源的浪费，与当前国家及社会倡导建设的低碳社会相违背，因此在利用现代工业的同时，也要关注现代工业批量化制造技术给人们生活发展带来的负面影响，要想尽一切办法与途径将这些负面影响降到最低，并为建筑装饰行业带来更好的发展技术与应用前景。

### 2.3.3 形式化

劳动人民在长期公共建筑与住宅房屋建造的社会生产生活实践中，在传统民居装饰方面积累了丰富的物质财富与精神财富，在建造过程中建造的每件物品以及包括建造过程中都是用自然和谐相处及有效利用的方式，将通过物质形态营建与装饰存在于人们的记忆深处并记录在历史史册之中，以此传递给后人，以展示、讲述祖先在传统民居装饰方面的积累与创造追求，传达传统民居装饰元素蕴含美的精神内涵，让后人体会在民居装饰图案与要素、纹理的外表之下包含的思想精髓。

中国的传统民居装饰源于祖先对自然的崇拜，劳动人民在传统农耕社会中无力抵抗自然及自然现象，人们一部分只能靠天吃饭，而形成对天地、日月、星辰、山川、草木的畏惧，在不能征服的时候变生成一种崇拜之情，认为它们都是不可战胜的。这种"敬天法地"思想用于民居装饰中，表达了祈求"身体健康、子孙满堂、长生不老"之意。而随着人类对自然的征服，人们的崇拜对象加入了对神化了的人的崇拜，即道教思想。道教的吉祥之意附加于人与自然物之上，演化出各式各样的吉祥纹样。随后以孔子为代表的儒家思想的传播盛行，它传播了人伦之道学说，"忠孝节义"的思想，以"仁"为核心，因此"忠孝节义"的故事装饰图像流传于民间。此后，佛教由印度传入，莲花之类的装饰元素也广泛应用于民居装饰图案中，这些装饰元素都是历史发展的结果及劳动群众智慧与辛苦劳作的结晶。

当代建筑设计中对传统民居装饰元素的运用只注重其形式性，恰恰忽视了它的精神内涵。例如安徽的马头墙，现代徽派建筑设计中许多建筑只是模仿传统马头墙高低错落的样式及形式，而忽视了马头墙本身存在的实际功能——防火，虽然现代建筑设计都要求遵守防火规范，但是现在的马头墙依然可以作为建筑之间防火的重要隔断。徽州民居的粉墙黛瓦夹杂在鳞次栉比的马头墙之间，白色干净的墙体，在黑白灰之间表现出徽派建筑对山水文化朴素审美的解读。传统的徽州民居天井狭小，因为建筑用地紧张，建筑多为两层结构，庭院内阴暗潮湿，粉墙能反射太阳光，使天井内光线充足。

传统民居装饰元素的精神内涵也体现在"取之自然，用之自然"，肯定自然的同时要顺应自然发展。传统民居的装饰中其形象多源于自然动植物，许多则是源于人们对自然物的美好寓意，如"百事如意"，图案中取"百合"、"狮子（或柿子）"、"灵芝"共同组成吉祥图案；再如"福寿如意"，由"蝙蝠"、"桃子"、"灵芝"搭配而成。而这些也要注意运用的场合，新婚夫妻房内宜装饰"百事大吉"、"万年报喜"、"鸳鸯"、"早生贵子"之类，老年人的房间宜放置"苍松寿古"、"松鹤延年"、"龟鹤齐龄"之类，新生儿家内"莲花"、"石榴"、"金衣百子"之类。这些装饰元素切不可混用、乱用，要理解把握其精神内涵，取吉祥之意，尊重地域历史文化的习惯思维在建筑中找到恰当的表现位置及表现形态与姿态，使建筑与室内增添吉祥如意的氛围和意向！

## 2.4 传统民居建筑装饰元素缺乏跨学科应用研究

跨学科（cross-disciplinary）研究是当前学术界较为关注的问题，成为学术发展的新方向，讲求学科之间的交叉研究，在研究建筑学的同时关注社会学、人类学、生态学等，交叉研究将有利于拓展各学科的研究广度与研究深度，增加学科研究视野，在碰撞与交流过程中，促进新理论的产生，推动学科进步。传统民居装饰元素的研究一方面是建筑学的范畴，另一方面是艺术研究的方向，同时也是社会学中图腾崇拜的重要组成，在古建筑保护中又包含了考古学的研究。但是当前的研究者本身知识结构的单一，使得跨学科研究成为传统民居装饰研究前进的羁绊。

在《总库》中取消学科分类之后，期刊及论文总篇数为557篇，主要涉及专业是建筑科学和工程以及书法、雕塑和摄影几大学科，建筑科学与工程学科是艺术类学科研究总数的5.7倍，占图表中所列专业总数的76.1%，其他专业均有涉及，但是总体数量较建筑与艺术专业相差甚远。根据图表数据可显示传统民居装饰涉及的专业范围广、知识面广、领域广，内容丰富，蕴含信息量大；当前主要对传统民居装饰研究的主要学科是建筑与艺术，由此可看出，当前对传统民居装饰研究的重视与关注，也说明传统民居装饰研究的多学科交叉性。

本书笔者曾经实地测绘过几个地方的古建筑，江苏同里古镇的卧云庵（图2-8）就是其中之一。在测绘之前该建筑已经破烂不堪，被用作同里"状元蹄"的私人作坊，工作环境脏乱差，建筑的周围环境已被破坏，传统的装饰也已经被损坏，只有室内的梁架（图2-9）与几个被拆卸的隔扇可以查证建筑的装饰。卧云庵作为当地的土地庙，当地的人们都信奉它的保护，主体建筑被占用之后，人们在旁边搭建了一个小棚屋，至今初一、初十五都要去烧香拜佛，吴江文物保护单位希望能对主体建筑按照之前的面貌进行修复。笔者曾经做过前期的测绘工作，希望能对此建筑进行修缮。因为建筑破烂不堪，倒座结构被破坏，左右厢房只有梁架在，墙体也经过多次的改拆，因此只能通过与当地村民的沟通得知原建筑的具体风貌。卧云庵实际的修缮过程就需要各学科的交流研究，既要古建筑专业的学者了解建筑的结构，清楚建筑具体建于什么时间，这样才能清楚地了解建筑周围的环境应该如何修复；也需要语言学家的介入，当地人了解建筑的基本构架，对建筑的构

图2-8　同里古镇卧云庵位置图
（资料来源：笔者自绘）

件有自己的称呼，需要他们对这些构件进行现代与古代的对比，"卧云庵"是当前挂牌名
称，之前的称谓是"伽蓝殿"，是佛教寺院道场，但是据当地居民讲解，内部供奉的是关
公，是道教的人物，由此可以看出佛教与道教的结合，也因此有了"卧云庵"这一道教的
称呼。另外社会学家的加入可以对建筑修缮之后室内的供奉对象进行研究，清楚这个卧云
庵在建造之初供奉何物，现在当地人又信奉何物。另外据当地的村民介绍，卧云庵的实际
面积要比现在大很多，在当前建筑的背面还有一个建筑，但是现已经被拆除，可能只有考
古学者能对此遗址有确切的解释。整个工作看似简单容易，实则复杂，实际的工作只有古

建学者参与，其他的工作是笔者及同行人士通过不断地走访，视频记录，找熟悉当地语言的建筑专业同行帮我们解读，但是毕竟能力有限，只有通过多次反复的采访当地工匠获得基本的信息。

当前许多古遗址被不断地挖掘，如古代的城池之类的，挖掘之后剩下的只是残垣断壁，考古学家可以通过砖石的年代判断建筑的建造年代，给人们的只是一个很宏观的概念。要确切地描绘出建筑的具体形态，传统的建筑装饰又是什么样式，就要通过建筑学家、艺术工笔者的共同努力，建造模型、寻找意向图等。即便是对新建仿古建筑的修护，由于传统施工工艺的失传，传统装饰的破坏，整个的施工过程也是要费尽周折。

图2-9　同里卧云庵梁架装饰
（资料来源：笔者自摄）

跨学科不只是要求学科之间的沟通交流，更需要专业内设计与技术的配合，设计者与施工者的配合。许多建筑设计师在建筑设计中有自己对建筑的独特见解，他们从传统民居中的借鉴也只有设计师清楚。但在实际施工中，施工者缺乏对传统施工工艺的了解，对原有的建筑设计图纸缺乏认知，设计师不认真盯现场，设计与施工分离，致使设计师的本意没有表达清晰，施工者的工作没有做到极致，造成建筑整体质量的下降，最终的受害者将是使用建筑的人民大众，而影响的也是建筑师的声誉与人们对建筑师的信任。要成为本土的杰出的建筑师就要多方位的合作，各专业的相互支持，拓展自己的知识领域，学有所长、学有所精，培养全面发展的建筑人才与精英，在跨学科研究方面取得更优异的设计成果。

## 小结

传统民居装饰元素在当代研究中的确存在各种各样的现实问题，这与一部分建筑师缺乏理论修养有关，只有提高建筑师个人的理论素养，钻研学习传统村落民居的装饰元素与符号系统以及内部所隐藏的文化，才能多视角考虑问题、尊重时代发展、承认地区差异、多学科与跨学科综合运用各种理论知识共同服务于当代建筑设计与施工，正确地使用传统民居装饰元素。笔者也相信优秀的建筑师对传统民居装饰元素进行整理分析之后，能够在自己的设计作品中弘扬传统装饰元素与符号，克服一些缺乏历史文化装饰元素的问题，在建筑中避免出现这些问题，新的建筑空间与装饰符号营建将会有全新的景象。

# 第3章　对传统民居装饰元素的整理与分析

我国传统民居装饰在漫长的时间发展中，形成其独特的地域与民族特征，凸显着中华民族的文化思想生存方式、生产方式、生活方式以及在长期的历史长河中沉淀凝聚而成的民族审美特征。作为一种社会文化的体现，它体现了各地区的社会生活，也表达了当地人的精神状态。但是各地域及各民族的装饰符号及其元素具有相似性包括装饰部位、装饰内容、装饰功能。但对于装饰元素的应用具有相通性，因此本书没有着意刻画某一特定民族的装饰符号，也鉴于笔者的能力有限，仅对自己了解的北京、山东、江苏、安徽、湖北地区以及云南地区的装饰元素进行探讨，笔者曾经去这些地区考察调研以及参与过许多实际的项目进行研究。本章将围绕我国传统民居装饰元素的基本类型特征、形态构成、材质类型与美学价值几方面进行探讨。

## 3.1　传统民居装饰元素的类型特征

### 3.1.1　传统民居装饰元素的基本类型

传统民居中的装饰元素包含的内容非常多，信息量较广，按照产生来源可分为①动物纹样元素、②植物纹样元素、③自然景象纹样元素、④几何形纹样元素、⑤社会生活纹样元素、⑥文字纹样元素，这些装饰元素大多数是社会普通民众寻求与表达对生活吉祥安康幸福的追求，是"图皆有意，意必吉祥"，因此按照表达意愿分为长寿纹样、祈福纹样、多子纹样、富贵纹样、喜庆纹样、吉祥纹样。

动物纹样元素举例表　　　　　　　　　　表3-1

| | 装饰题材 | 具体内容元素 | 装饰寓意 |
|---|---|---|---|
| 1 | 喜上眉梢 | 喜鹊、梅花 | 吉祥如意 |
| 2 | 五福捧寿 | 蝙蝠、寿字 | 福寿双全 |
| 3 | 马上封侯 | 马、蜜蜂、猴子 | 表达立即升腾的愿望 |
| 4 | 福禄寿 | 蝙蝠、鹿、寿桃 | 福禄寿 |
| 5 | 石榴配麒麟 | 石榴、麒麟 | 多子多福 |
| 6 | 年年有余 | 鱼 | 生活富足 |
| 7 | 鲤鱼跃龙门 | 鲤鱼 | 中举、升官等飞黄腾达 |

民居中的动物纹样装饰元素主要是对禽兽鸟鱼虫之类的形态简化，许多动物甚至是根据自己的信仰与审美空想出来的，没有实物存在，因此它们的形象没有限定性，人们可以根据自己的需求进行创新应用，龙纹、凤纹、麒麟纹都是这类的装饰元素，但这些装饰元素在古代一般用于官式建筑之中，平民建筑较为少见。除去空想的禽兽，人们常常把生活中常见的动物用于装饰元素中，如蝙蝠和鹿，因为与"福"和"禄"谐音，还有鱼，常用的装饰元素是"年年有余"、"鲤鱼跃龙门"以及"家族人丁兴旺"之意，带有吉祥寓意（表3-1）。

我国长期处于农业社会经济中，与大地的接触最为密切，民众们感悟到植物"离离原上草，一岁一枯荣，野火烧不尽，春风吹又生"的强大生命力的哲理，也从中悟出人的生命只有短暂的一次，道教中长命百岁的观念让人们在脆弱又顽强的生命面前把希望寄托在死灰复燃的植物上，把大自然的生气与生机活力保存在静止的建筑之上，因此，民居装饰元素中对于植物的运用与生命力的表现也是情理之中，把生活中常见的植物藤蔓等组合装饰元素，通过谐音、会意、雕刻、绘画等手段展现在建筑的各个部分，这类的植物有百合、海棠、兰花、灵芝、松、竹、桃、菊等（表3-2）。

植物纹样元素举例表

表3-2

| 题材 | 内容 | 寓意 |
|---|---|---|
| 岁寒三友 | 松、竹、梅 | 认得高尚品德和气节 |
| 四君子 | 梅兰竹菊 | 品德清高 |
| 牡丹石榴 | 牡丹、石榴 | 富贵吉祥 |
| 菊花配莲花、石榴 | 菊花、莲花、石榴 | 连寿多子 |
| 佛手配桃子、石榴 | 佛手、桃子、石榴 | 福寿三多 |
| 葡萄配葫芦 | 葡萄、葫芦 | 多子多福 |

自然景象纹样元素经常是将大自然的现象如雷、电、云、雪、风、雨、山、火、水等进行抽象，这些自然现象没有具体的形态特征，都是自然界瞬息万变的现象，我们不得不惊叹祖先们的观察力与想象力，他们运用巧妙地创作手法使它们由虚无缥缈幻化为真实可见的装饰。云纹、冰纹是装饰中常用的元素，作为古老的装饰纹样，云纹轻盈飞舞的姿态，冰纹无规则自由处理的特点，都以自然的形态展现于建筑上。

几何纹装饰元素其来源大致分为两个方面：自然和人工创造。源于自然主要是对自然物的简化抽象，仅保留自然物的骨骼形态或主体形态，经过不断排列组合，成为装饰元素。另一种是人们将直线、曲线的不断变化组合，形成有一定规则的形状，民居装饰中经常用的窗棂就是横线、竖线、斜线的各种组合。如雷纹、回字纹、龟甲纹、方形、六边形、八边形等都是几何纹样。

社会生活纹样元素是人们把在生产生活中的心理感受体验通过装饰的手法表达于建筑上的元素。这种纹饰元素主要有：一是人物故事，二是人文性物件，三是节日风俗。道教八仙也称为"明八仙"是常用的装饰元素，八仙手中的物件称为"暗八仙"，也是常用于民居建筑中。"明八仙"就是八个人，由于不便于用在砖、石、木雕刻中，遂将他们持的器物变"暗八仙"，雕刻方便。"明八仙"、"暗八仙"装饰图案内容都来自于民间故事，八个人的形象刻画没有光彩照人、雍容华贵，八人中每个人都有自己的缺陷，有的相貌丑陋，有的袒胸露乳，形态各异，它们贴近百姓生活，表达祝寿意愿，表现欣欣向荣的景象，刻画在建筑上以表达吉祥如意。八仙是我国民间的特色，在国内许多民居都有表现，笔者所调研的烟台牟氏庄园中土炕边缘的雕刻、安徽黟县民居的隔扇、雕刻等都有见到。

我国的文字纹装饰元素是世界装饰纹样发展的贡献。文字本身即为点、线的组合，这些文字变换为流畅的粗细变化的线，成为一种特殊的装饰元素。文字作为装饰元素，可分为几种类型：文字直接用于装饰、将文字变形、抽象运用。这样的文字为数不多，但是一个文字能有多种变化的形式，如寿（图3-1）。

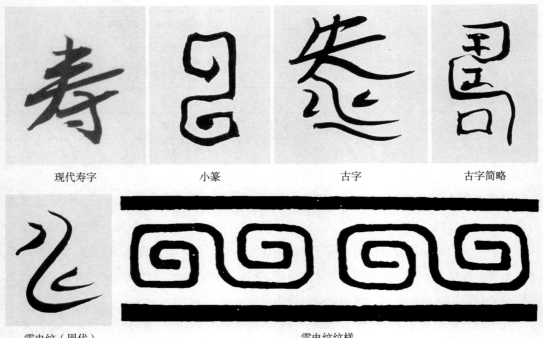

| | | | |
|---|---|---|---|
| 现代寿字 | 小篆 | 古字 | 古字简略 |

雷电纹（周代）　　　　　　　　　　　雷电纹纹样

图3-1　吉祥文字"寿"演变成为雷电纹
（资料来源：笔者自绘）

对于传统民居装饰元素的基本归类都可从以上几种类型中找到，认真把握这些类型，归纳总结，准确应用这些元素，使这些元素在建筑中有所用，并用的巧妙，以更好地为当代建筑设计服务（表3-3）。

传统民居装饰元素的基本类型举例表 表3-3

| 类型 | 主要内容 | 举例 | 图片内容 | 装饰部位 | 地区 | 资料来源 |
|---|---|---|---|---|---|---|
| 动物纹样元素 | 喜鹊、蝙蝠、马、蜜蜂、猴子、蝙蝠、鹿、麒麟、鱼 | | 多子多福 | 门、窗 | 湖北恩施民居 | 笔者自摄 |
| 植物纹样元素 | 寿桃、松、竹、梅、牡丹、菊花、莲花、佛手、石榴、葡萄、葫芦 | | 喜上眉梢 | 围墙 | 北京民居 | 笔者自摄 |
| 自然景象纹样元素 | 雷、电、云、雪、风、雨、山、火、水 | | 锦上添花 | 窗棂 | 湖北恩施民居 | 笔者自摄 |
| 几何形纹样元素 | 雷纹、回字纹、龟甲纹、方形、六边形、八边形 | | 吉祥如意 | 窗棂 | 湖北恩施民居 | 笔者自摄 |

| 类型 | 主要内容 | 举例 | 图片内容 | 装饰部位 | 地区 | 资料来源 |
|---|---|---|---|---|---|---|
| 社会生活纹样元素 | 一是人物故事，二是人文性物件，三是节日风俗 | | 苦练功夫 | 门扇 | 安徽西递民居 | 笔者自摄 |
| 文字纹样元素 | 寿、喜、福 | | 双喜临门 | 瓦当 | 北京民居 | 笔者自摄 |

2010年上海世博会主题馆旁边的"地区馆"，由清华大学张利教师团队设计。国家馆的"斗冠"造型由华南理工大学的何镜堂教授团队主持设计，整合了中国传统建筑文化要素。"地区馆"的设计也极富中国气韵，借鉴了很多中国古代传统元素。"地区馆"以"叠篆文字"传达出中华人文历史地理信息。在地区馆最外侧的环廊立面上，将用叠篆文字印出中国传统朝代名称的34字，表达了中华历史文化源远流长；而环廊中供参观者停留休憩的室外家具的表面，雕刻了各省、市、区名称的34字（图3-2），象征中国地大物博，各地团结共同进取。

另外，篆字的二十四节气印于其上。传统的篆字用现代的金属材料来加工营建，装饰符号得到了活化。

### 3.1.2 传统民居装饰元素的基本特征

1）结构构件装饰性

我国是一个简朴而注重实际的国度，建筑的本质着眼于实际功能，是因为我国古代传统是以农为生，以土为本、"重实际而黜玄想"的务实精神，强调功能第一，以人为本的理念。传统民居装饰元素就是伴随对结构

图3-2 "地区馆"以"叠篆文字"传达出中华人文历史地理信息

构件的装饰产生，其本质性特征是"实用"或"适用"。这也遵循了建筑设计一贯遵循的"适用"原则，此原则由两千多年以前的罗马建筑师马可·维特鲁威（Marcus Vitruvius Pollio）在关于建筑和工程的论著《建筑十书》中提出："方便、坚固、美观"三原则，"方便"即"适用"。后来我国在新中国成立之后，又根据国情提出了"适用、经济、在可能条件下注意美观"的建筑方针。由此可以看出，"适用"是建筑设计首先要遵循的原则，民居装饰元素作为建筑设计的重要部分，也应当遵循这一原则，所以传统民居装饰元素的第一特征是对结构构件的装饰，是装饰附着于结构构件之上。从理念层面上是理性与浪漫思维的融合，也是技术理性逻辑与生活感性的叠加。

传统民居中对构件进行装饰的部位有许多，从许多实例如北京四合院、云南一颗印民居都可以看出，只要露在外面的能进行装饰的部位都进行了装饰，许多部位有功能性，有些没有功能性。因此结构构件的装饰有两种情形，一种是对有实用价值构件的装饰，另一种是仅起装饰作用的构件。

北京四合院民居入口处最常见的功能性装饰构件是抱鼓石，又称为"门鼓"或者是"门枕石"，抱鼓石最开始的功能就是"门枕石"，后部分穿过门槛，起到固定门槛的作用，另外，对抱鼓石的解释就是古代的将士打仗归来，为显示其战场豪气，把作战时用的鼓放在门口，而之后渐渐地成为现代常见的形式，也有认为是古代官府门前击鼓鸣冤、听取民意的本意延伸。不管何种解释，抱鼓石具有一定功能性作用，但是对其装饰更体现在美化民宅，驱邪震鬼的作用，显示该家族是文官还是武官，等级如何，也是人们讲究的"门当户对"中"门当"的具体表现，是四合院民居的特色标志，展示出宅院大门的气势。

抬头看大门入口的两边，檐口下部，装饰雕刻精美的地方便是墀头（图3-3、图3-4），民间也叫"腿子"，墀头不只是在大门檐下有，在正房的屋檐下两侧也有，它是建筑立面装饰的重要部分，也是四合院砖雕的典型部位，其主要功能是承接悬挑屋檐的重力，并使其自然而柔和的与墙体结合。墀头由三部分组成：上部戗檐、中部盘子、下部垫花。上部的戗檐是大门檐口与下面盘子的链接，装饰较为复杂，其装饰题材也多为民间喜闻乐见的图案、故事等，如狮子、博古图案、福禄寿图案、封侯挂印、海棠、菊花等，只是现在保存得越来越少。墀头砖雕的节奏感较强，有主有次、主次分明，使檐口下面最

图3-3　北京某民居大门墀头1
（资料来源：笔者自摄）

容易被忽视的部位别具一格，让人耳目一新，给人以美的享受，同时精致的雕刻吸引了人们的注意力，成为人们的驻足点，引发了人们对自己住宅喜爱之情，精美的装饰也增添了民居的艺术特征。

进入民居大门，映入眼帘的是院内的装饰墙——影壁，也称之为"照壁"，其形式多样，其功能是遮挡外面进入庭院的视线，形成一个半开敞半封闭的空间，丰富庭院的空间层次感，使四合院空间划分更为巧妙灵活，为内部营造私人空间创造前提，而对影壁的装饰则是对这个半开敞空间的美化，如北京某四合院民居的影壁，雕刻图案为凤凰、牡丹，喻为丹凤朝阳，表达完美、吉祥、前途光明的含义。影壁的设置是受中国传统的阴阳五行说的影响，是内外交接的关键之处，内虚外实的交接点。对影壁装饰的好坏直接影响到人们进入庭院的第一印象，因此成为入户装饰的重点环节。影壁的中心经常会有砖雕，也有的是砖匾，形式各异。壁心的装饰图案一般为具有吉

图3-4　北京某民居大门墀头2
（资料来源：http://forum.home.news.cn/detail/75395838/1.html）

祥意义，上面刻字或动植物及人的纹样，或繁或简，构成这一空间的视觉中心，可以说影壁的装饰是居民审美的使然（表3-4）。

传统民居装饰元素结构构件举例　　　　　　　　　　　　　　表3-4

| 基本特征 | 举例 | 图片 | 功能作用 | 装饰 | 资料来源 |
|---|---|---|---|---|---|
| 结构构件装饰性 | 抱鼓石 | 门槛槽　荷叶　鼓子心　鲁面　鼓钉　海窝　小鼓　包袱角　须弥座 | 后部分穿过门槛，起到固定门槛的作用 | 动物、植物、几何三种纹样元素的组合 | 笔者自绘 |

| 基本特征 | 举例 | 图片 | 功能作用 | 装饰 | 资料来源 |
|---|---|---|---|---|---|
| 结构构件装饰性 | 墀头 | | 承接悬挑屋檐的重力，并使其自然而柔和的与墙体结合 | 植物纹样元素为主 | 笔者自摄 |
| | 影壁 | | 遮挡外面进入庭院的视线，形成一个半开敞半封闭的空间，丰富庭院的空间层次感 | 动物、植物纹样元素为主 | 笔者自摄 |

另外，传统民居建筑中的屏风屏门，也是装饰的重点部位，它们在营造空间的过程中起着重要的作用。同时它们的作用也是遮挡视线，起到"曲径通幽处"的效果，在封闭与半封闭之间展示着"含而不露"的特质，也增加了空间的趣味性，起功能性作用的装饰，其他的还有花罩、檐下花牙、栏杆等，也具有类似的作用。

地面铺装恐怕是只起装饰作用，是构件很好的代表，笔者曾经去山东烟台的牟氏庄园（图3-5）调研，其地面铺装就是将中国的传统吉祥如意的图案通过拼贴展示出来，图中的装饰工艺名为石毯又称"吉祥毯"，图案设计是根据道教的长生不老观念创造，石毯四角各有一只拼接的蝙蝠，中间铺有三枚石钱，正中间的一枚周围各有一个"寿"字，意为踏福踩钱，整个设计构思巧妙。另外还有其"虎皮石"，也是展示的各种的装饰图案，有福寿龟等各种形态的小兽，这些装饰图案是不同规格形态的石块、拼砌围墙后的自然呈现，它既有符号砌体的受力抗弯剪功能，同时也增加空间的丰富性。类似"石毯"、"虎皮石"还有徽州绩溪龙川胡氏尚书府内院铺地图案（图3-6）。徽州民居中装饰元素较为丰富，许多装饰营造了空间氛围，如徽州绩溪湖村某民居砖雕（图3-7），装饰图案繁杂，但层次性较清晰。

图3-5  牟氏庄园石毯
（资料来源：笔者自摄）

33

图3-6　安徽绩溪龙川胡氏尚书府内院铺地图案
（资料来源：笔者自摄）

图3-7　安徽绩溪湖村民居砖雕
（资料来源：笔者自摄）

### 2）源于中国传统文化

黑格尔曾经指出："象征的各种形式都起源于全民族的宗教的世界观，而只有艺术才是最早的对宗教观念的形象翻译"[①]。我国的传统文化受多种思想的影响，有本民族最原始的敬天思想，远古时代对自然世界的崇拜，对自然的敬畏，继而出现的本民族土生土长的道教思想，道教思想主张人们通过修行健身，长生不老，加之后来的阴阳五行说，将世界宇宙看作是太极，太极分为两仪，两仪分木火土金水五行，五行与阴阳结合，成为我国传统思想最基本的理念，而后儒家思想渗入人们的思想，由对自然界的崇拜加上了人伦的思想，儒家思想要求人们崇尚的是实在的人，而非道教的神仙，因此在许多的传统民居装饰中会出现"忠孝节义"、"桃园结义"、"二十四孝"之类的故事性装饰，这也是对我国传统文化的再现形式。在徽州地区的很多祠堂里，多采用在很大的匾额上书写"忠孝节义"或"诗礼人家"来弘扬传统农耕社会的主流价值观。历史上佛教由印度及西亚地区的传入，促成道、儒、佛三者的交融，各种学说的混合交融而又各自独立，影响了今天的人们的思想行为，例如民众们信奉"太上老君"，希望能保护自己长命富贵，当今社会讲究"仁"，以"仁"服天下，讲究以人为本等，都是这些思想潜移默化的外显与表现（图3-8）。

各种思想对传统民居装饰元素形成内在的、深刻的影响，包括装饰图案的内容，表现手法，形态构成，外观色彩等多方面。传统装饰反映到建筑上，一是为强调社会等级关系，《荀子·富国》："故为之雕琢刻镂、黼黻文章、使足以辨贵贱而已，不求其观。"中就说明了隐含在建筑形制中的另一个现象是，建筑是分等级，并且是能辨别贵贱的，他们不仅仅为了其美观。如和玺彩画只会出现在官府建筑或者是皇宫之内，平民百姓不允许使

---

① 易心，肖翱子. 中国民间美术［M］. 长沙：湖南大学出版社，2004：17.

用，斗栱也是为皇宫贵族建筑使用的，又比如龙的形象经常出现在建筑装饰中，作为建筑装饰元素的重要一部分，但是民居中龙的形象与宫殿建筑中有很大差别，民居装饰元素中经常会见到：草龙、拐子龙的龙纹形象，这些龙的形象有的地方比宫殿建筑中的更为活泼生动。并且民居中的器具或其他地方，会出现许多常见动物的形象：鸡、鸭、兔、狗等，但在宫殿建筑装饰中被认为是不可登大雅之堂。因此传统民居可见的装饰都是民众生活较为常见的元素，当民间建筑出现等级较为高级的装饰元素，那么此民居的主人或其亲属关系有一定的官宦之位。

另一个方面就是通过传统民居装饰元素的内容教育后代，以此告诉他们要家族和睦、尊老爱幼、兄弟友善、夫妻相敬等。我国传统社会讲究"以和为贵"，父母有抚养子女长大成人的义务，子女有对父母赡养的义务，路遇老人要礼让，在老人面前不要大声呼喊，邻里之间讲求互帮互助，邻里和谐，对于村内的鳏寡孤独者，大家都有爱心帮助关心，村内一家有难全村都帮忙等优良传统，这些优良传统不只是通过长辈的言传身教传于后代，也体现在建筑装饰的细节之上教育子孙后代，宣扬"精忠报国、孝悌忠信"的爱国的元素，让他们在互谦、互让、和谐、爱国的环境中成长。民居中的装饰元素彰显出一方面教育着子孙后代寓意，另一方面表达着维护着良好的社会风气意向！

装饰元素中还有就是表达吉祥如意，传达人们对美好生活的向往。中华民族有自己特殊的文化意识及观念意识，人们有追求幸福，祈求吉祥的心理愿望与期盼，并且希望生活中的一切事情都能朝着利于自己的方向发展。在长期的实践积累中人们渐渐地希望某些民居的装饰元素能给自己的住宅带来幸福安康，以求自己居住的房屋是吉祥之地，这样的元素如石榴、葫芦、麒麟送子都是象征多子多福；蝙蝠象征福在眼前；牡丹象征富贵；竹子象征平安高升以及君子气节风度等意向。在祈求美好的同时，也表达了主人的思想品德与精神境界，喜文的主人，以君子自居，家中的装饰是与笔墨书香相关的元素，或者是梅、兰、竹、菊，他们象征主人高雅、傲然的品格与性情，也说明了中华民族的大众及士绅的民族信仰，面对困难乐观开朗的心态与不畏困难迎难而上的大无畏精神。

3）从属于历史文化发展脉络

中华民居传统装饰经历了千万年的变化，形成当前的装饰形式，总的来说，装饰形式是在不断地变化中，但是在这种变化中我们可以看到装饰元素的统一性、延续性，其作为装饰元素的本质没有变，紧随历史发展的印迹，与历史进程及历史文化发展的步伐一致。

经考古资料证明，我国最初的民居建筑装饰纹样是西周时期的瓦当纹样，这也是民居建筑装饰最引人注目的地方，瓦当最早被认为是模仿玉璧的纹样，由此可见，建筑中最早的装饰纹样是从生活中的装饰器物中演变而来的。西周时期的瓦当为半圆形，现在经常见到的圆

形瓦当是战国晚期出现的。瓦当的饰样主要
是阳纹的花纹或者文字之类，如"寿、福、
禄"。一直到清代，瓦当的饰样变化丰富，
也成为檐口装饰的亮点。瓦当的饰纹与历史
时代发展相近似，受商代青铜器饰纹的影
响，西周时期的瓦当多为重环纹，这种纹饰
被认为是龙的简化形式，只用鳞片作装饰；
春秋时期的瓦当图案多对称布局，有涡纹、
卷云纹以及经简化的兽面纹，其他的最后也
简化演变为卷云纹，战国时期七雄争霸，战
乱不断，政治军事外交斗争激烈，因此纹样
风格各异，构图形式接近绘画，较多留白，
这个时期典型的纹样包括近似青铜器纹饰的
秦国兽面纹、齐国树星纹和树云纹（也有部
分树纹中加入了人、马、兽等组合纹样），
周的神兽纹等，这些纹样在后期发展过程中

图3-8　北京某民居大门门簪
（资料来源：笔者自摄）

很多渐渐地转化成卷云纹。秦代建筑气势宏伟，瓦当上出现了凤纹，但是这一纹饰主要还是
用在宫殿建筑之上，对于民居瓦当影响较小[①]。文字纹始于秦末，兴盛于西汉，西汉的文字
纹多为小篆，这些文字纹包含吉祥语、纪念性、宫苑建筑三类，这种直接用文字表达的用
法，更清晰明了地表达了瓦当的吉祥之意，这也与当时经文字用于丝织品上的做法相一致，
用文字线条的变化展示瓦当艺术的古朴之美，也是时代的产物。东汉佛教传入，飞速发展于
魏晋南北朝，动荡不安的社会形势促使了佛教的迅猛发展，瓦当装饰元素中具有代表性的佛
教图案莲花纹及忍冬纹出现，这个时期的艺术绘画也有较大程度的进步，瓦当中莲花纹的应
用一直延续到北宋。

　　宋代之后到元、明、清，又是兽面纹的发展时期，以龙纹为主。由此可以看出，装饰元
素与历史文化发展的一致性。其他的装饰元素也是一样的，没有一种民居装饰元素是凭空出
现的，其都有历史发展的根源，它与陶瓷、漆器、玉器、印染丝织、金银剪纸及其他饰件纹
样的发展有一致性，是各文化在建筑装饰领域的表现（表3-5）。

① 郭廉夫，丁涛，诸葛铠. 中国纹样辞典［M］. 天津：天津教育出版社，1998：289-294.

瓦当纹样年代顺序表

表3-5

| 年代 | 瓦当纹样 | | 盛行纹样 | 图片来源 |
|---|---|---|---|---|
| 西周 | 西周半瓦当重环纹 | | 重环纹 | 《中国纹样辞典》 |
| 春秋 | 春秋半瓦当 简化兽面纹 | 春秋半瓦当 卷云纹　春秋半瓦当 涡纹 | 涡纹、卷云纹，以及经简化的兽面纹 | 《中国纹样辞典》 |
| 战国 | 战国半瓦当兽树纹 | | 秦国兽面纹、齐国树星纹和树云纹 | 《中国纹样辞典》 |
| 秦代 | 秦代瓦当飞鸿延年纹 | | 凤纹（主要用在宫殿建筑之上，对于民居瓦当影响较小） | 《中国纹样辞典》 |
| 西汉 | 万秋　长乐富贵　长生未央 | | 文字纹 | 《中国纹样辞典》 |
| 东汉 | | | 莲花纹及忍冬纹 | 《中国纹样辞典》 |
| 宋代——元、明、清 | | | 兽面纹的发展时期，以龙纹为主 | |

### 3.1.3 徽州"三雕"：石雕、砖雕、木雕艺术的评析

对于大多数人来说，关于徽州的最初的印象，都来自于著名画家吴冠中《江南水乡》的水墨画，白墙黛瓦、炊烟袅袅、小桥流水的朦胧意境一直是笔者对徽州记忆中的印象。感到遗憾的是，一直没有去过这如画卷般美丽的地方，但身未动心已远之。徽州，自古人杰地灵，古语说："七山一水一分田，一分道路和庄园（图3-9）"，优越的自然条件与地理环境是徽州居民最富饶的恩赐，当地居民凭借着自己的勤劳与智慧给后代子孙留下了宝贵的工艺与技术。徽州"三雕"（木雕、砖雕、石雕）享誉名外，木雕——肃穆庄重又不失活泼可爱；砖雕——层次丰富、富有生机；石雕——色彩素雅、简洁厚重皆有之。纵观历史，徽州雕刻技艺的传承发展是徽州民居建筑营建的有机统一，也是徽州各地的

图3-9　清代徽州的婺源李坑的山水人家
（资料来源：笔者自摄）

人文历史、民俗风情的完美展现。今天我们所看到的这些巧夺天工的"三雕"作品，也是我们解读徽州文化的开端，更是我们漫步于具有几千年的历史聚落文化长河的渡口。

我国的传统建筑很多是木结构，门窗、立柱、梁架等都是以木质为材料。被称为"徽州第一木雕楼"的卢村木雕楼距今已有180多年的历史。其是卢氏三十三代传人卢邦燮于清道光年间所建。卢邦燮早年经商，家富百万，后转入仕途，累官至奉政大夫、朝政大夫。志诚堂的砖雕、石雕、木雕装饰精致优美，取材既热闹喜庆，又朴实优美，既是主人真实情趣的反映，又是古代民俗生活劳作的再现。其请了当地最有名的雕刻匠师搭建的，整座木雕楼共有七座古民居，通过过道、暗门、巷弄交错连接，每座民居相互独立而又统一（图3-10）。志诚堂是木雕楼最为精华的部分，环顾四周，厅堂的板壁、天井四周的莲花厅和梁柱、厢房的门窗、二楼的栏板都被密密麻麻、精美绝伦的木雕所包围。右厢房的胸板是镂空雕刻，中间宝瓶花饰各不相同，用一句诗"横看成岭侧成峰，远近高低各不同"来形容都不为过，虽然是平面的构图，却懂得运用画论的手法进行表现，比如近大远小、近实远虚的空间处理。左厢房的三块隔板，最下面的裙板从左往右依次雕刻着"进京赶考"、"姜太公钓鱼"、"对弈"。这些历史典故是非常好的雕刻素材，同时也衬托出古居民对生活的美好向往，寓意深刻。

图3-10　徽州第一木雕楼的卢村木雕楼
（资料来源：沙漠的视觉）

　　细看木雕楼的细部，会发现很多精彩的局部雕刻。隔扇门的门窗雕刻主要表现在裙板和绦环板上，雕刻的题材非常广泛。有"卖身葬父、岳母刺字、怀橘遗亲"等"二十四孝"儒学礼教类；有"吕布与貂蝉、武松打虎、封神演义、桃园三结义"等戏曲、神话典故；有"渔、樵、耕、读、放风筝、放爆竹"等世俗生活画面。这些都是传统农耕社会的生活民俗，还有"龙凤呈祥、年年有余、鲤鱼跳龙门"等象征美好寓意的图案造型。另外，还有一些生活场景的题材雕刻，如花鸟虫草、山水人物等，在这些雕刻素材中，背景的雕刻经常看到村落民居的影子，像黄宾虹的国画里的一样，周围绿树葱葱、山环水绕，依稀可以看出当时居民生活的气息在里面。尤其是这些上下凹凸的曲线，细有细致的精彩，粗有粗犷的大气，整体轮廓清晰，透景层次分明，富有极强的立体感（图3-11），使我们不禁想到现在的3D打印机，虽然和3D打印机不能相提并论，但这些雕刻技术所展现出来的生动气息确实更加深刻！图中所示绦环板上所雕刻的人物皆被居民铲去了头脸，网上查找资料却没有相关介绍。笔者认为大抵是和当地的民俗有关，具体只能询问当地的老人，才能知道缘由，不过，这种做法确实是木雕传承与发展的一大灾难。

　　隔扇门上裙板的雕刻也是非常的精美。其中一幅是"九老官图"，又称"福禄寿喜图"。中间有五只倒挂的蝙蝠（福），意思是福到，五福临门；十匹梅花鹿（禄），九位老寿星

（寿），一只喜鹊（喜）以及蜜蜂（封）和
猴子（侯）。刻画的人物形象鲜明生动，近
景的事物细致入微，衣服上的褶皱也清晰可
见，梅花鹿从两侧跳跃而出，乔木的种类丰
富，以不同的雕刻手法表现，有苍老遒劲的
松树、枝叶繁茂的柳树，树下间以石块错落
放置，远处连绵起伏的山丘化为整幅图的背
景。整个裙板犹如一幅立体的画卷展现给过
往的人群。曾经有机会去故宫调研，参观东

图3-11　木雕轮廓清晰，透景层次分明，富有极强的
立体感
（资料来源：笔者自摄）

华门里"样式雷"展，展厅摆放了部分样式雷的图纸，线条流畅、细致程度实在让我们震
惊，几支看起来不起眼的毛笔，竟然可以画出这么精细的图样，想想自己各种型号的针管
笔，也没有这么细致流畅，有感羞愧！卢宅里槛窗的部分图样，有龙、蝙蝠（福）、鹤这些
动物之类，也有玉兰、灵芝百草、寿桃植物之类，这些纹样在槛窗、门楣、隔扇或重复排
列，或次方连续，或交叉错落组成丰富多样的木雕门窗。雀替，传统建筑中位于柱头与梁、
枋交搭处用于承托梁、枋的建筑构件（图3-12）。起初是为解决建筑立面上的受力性能改

图3-12　雀替，用于承托梁、枋的建筑构件
（资料来源：笔者自摄）

善、美化问题及构图问题发展来的，随着时代的变化，人们的审美观念也随之改变，雀替的发展慢慢随着美学的角度产生。木雕楼里的雀替很多都是八仙图案，儿时常听大人的口中说一些"八仙过海、各显神通"的故事，现在徽州一些民居里还有一些八仙桌，四角都刻有八仙的图案，但是随着时间的打磨已看不出细致的模样。这个是八仙中的曹国舅手拿阴阳板的故事，仔细端摸，栩栩如生的形象跃然柱上，随着视线落在旁边的梁枋两侧，雕刻有精细的花纹，其风格质朴与雀替的玲珑精美相对比，只这其中的一角就可以感受到当时木雕楼的奢华富贵至极。

　　民居大门内的庭院两侧院墙上有两个石雕窗，石雕花窗在园林中也被称为花窗（图3-13），有空气流通、分隔视线、装饰墙面、园林植被投影之妙用，花窗隔而不断，透过丰富图案的窗框将里侧的景色隐约展现出来，营造园林朦胧之意境美。花窗装饰题材丰富，几何纹、器具形、花卉纹等，材料也丰富，木、砖、石皆可。质朴的花窗配以绿树红花的盆景，走进园中，踏在长满青苔的院子中，斑驳的墙壁上影影绰绰，抬头远望石窗里的过往人

图3-13　石雕花窗在园林中也被称为花窗
（资料来源：笔者自摄）

声，恍惚回到旧时的古徽州庭院，黛瓦白墙、青石铺路、雕花错落，远处的小山连绵起伏，身旁茂密的乔灌木随风飘动，闻着阵阵古巷的清幽、植物的芳香，简单的一处庭院就可以感受到徽州文化的魅力，实属妙哉！

石雕的身影在徽州民居建筑上随处可见，相比较于木雕，石雕的保存年限更为持久。北方园林的大气奢华与江南园林的婉约气质在石雕上的差异也尤为明显，右图的乾陵石狮（图3-14），整个狮身健壮有力，狮子抬头挺胸的蹲坐在石座上，犹如蓄势待发般，傲然于天地之间，彰显恢宏之气。图3-15是一座石坊柱脚处的石狮，却隐约感觉出秀美的气质，轮廓典雅端庄、比例匀称、手法细腻，石狮身材瘦小，脑袋偏向过往的人群，眼睛如铜铃一样，十分圆润可爱。石座上刻有一尊大肚夜叉怒目圆瞪，手捧着鲜果，须弥座上雕刻有精美的花草纹样以丰富石坊的层次感。如果可以用强壮的男子来形容北方的石狮，那我们所看到的徽州石狮就可以称得上"窈窕淑女"了。

走在铺满青石巷道中，具有典型徽州民居建筑特色的马头墙高低错落在两侧（图3-16）。随处可见石雕、砖雕的身影，站在狭长的弄堂中，远处的天际线在蓝天的映衬下，

图3-14　乾陵石狮

图3-15　西递村入口牌坊的小石狮
（资料来源：笔者自摄）

图3-16　马头墙高低错落
（资料来源：笔者自摄）

图3-17　不同种类的砖雕脊兽
（资料来源：笔者自摄）

十分好看！透过院墙上的镂空石窗，院落里的人影绰绰、花草树木，或清晰或模糊，步移景异，触摸着石墙上的裂痕，随着脚步的前行，景色变幻多姿，犹如刘姥姥走在大观园里，想一直这样走下去，直到路的末端。小道一侧有水流过，这是徽州民居的一种构建形式，院落倚水而居，每个村都会有一个大水塘，大家经常三五成群坐在此处，吃饭聊家常，不远处村姑妇女在飞快地洗着衣裳。背山面水的格局从古至今一直流传，堪舆学说对村落格局的影响非常深远，如果有机会，一定花时间好好研究才是！

宏村一户普通民居的门楼，屋脊的两端均贴有不同种类的砖雕脊兽（图3-17），不得不去仰慕这些雕刻师傅的智慧，细节彰显了他们的成就。在徽州文化中，门楼是住宅的"脸面"，从门楼的装饰上可以看到此户主人的经济地位。砖雕是徽州"三雕"中最具魅力的雕刻种类，最经常的看到的是透雕与高浮雕的手法，有的砖雕从近景到中景、远景竟有七八个层次之多，题材也非常丰富。忽然想到之前自己自学绘画，看到书中有形体雕塑，正好家乡的河边有黄泥红泥，取一些雕塑之，再涂上黑漆，也成为一尊美好的雕塑。这些砖雕，从选材到制作都非常的严格，青砖不能过软也不可过硬，雕刻时要尽量保持一气呵成，不能反复修改，影响美观。古时候人们的艺术造诣就达到如此高的成就，这是留给我们后辈子孙最宝贵的遗产。当你漫步在街角的巷弄中，不经意间看到这些造型可爱的砖雕小品，着实增添了一抹乐趣。亳州大关帝庙的砖雕门楼真乃世间少有的艺术珍品，砖雕、木雕是整个大关帝庙的精华所在。这是一座三间四柱五楼式门楼，规模庞大、结构复杂，上面的雕刻题材十分丰富，让人眼花缭乱，不知该看向哪儿。从雕刻手法上，门楼上面所雕景观、殿宇庭院全为镂空雕刻（图3-18），层次可达七八进；砖面雕刻四十多个具有不同表情的人物，透雕、浮雕、圆雕相互结合、渗透，可谓鬼斧神工。在雕刻题材上，戏曲故事、民俗生活、历史文化、吉祥寓意等题材种类多达50种。门楼雕刻精细，刀法精湛流畅，整个场景布局严谨，刻画的人物错落有致、栩栩如生，展现了徽州"三雕"技艺登峰造极之作（图3-19）。

说到徽州的砖雕门楼，不得不说一下徽州牌坊。在古代，牌坊很多都是宣扬礼教或者是歌颂功德所建的具有纪念性的建筑。牌坊根据其建造的目的来分，大致有三种，功德牌坊、贞节牌坊、标志牌坊。这些牌坊因其用意建于不同的地方，比如说在街道上的牌坊划分道路、美化街面风貌；牌楼是园林中独特的景观，给过往游人标识指路之意，也可以提升园林意境美。

图3-18　门楼上面所雕景观、殿宇为镂空雕刻
（资料来源：笔者自摄）

图3-19　展现了徽州"三雕"技艺登峰造极之作
（资料来源：笔者自摄）

在圆明园会看到三门四柱七楼的木构大牌楼——涵虚牌楼（图3-20），背面匾额"罨秀"，查阅词典，"涵虚"意为山高水阔，"罨秀"意为可以捕捉、欣赏到美丽的景色。它告诉人们，走过这座牌楼，就要进入一个山清水秀的境界，即颐和园的昆明湖，而当你从颐和园出来去往圆明园的路上，看到的是"罨秀"，告诉游人马上进入景色秀丽的地方。

相较于北方牌坊的精美绝伦，南方的牌坊就显得端庄素雅。徽州，据说这里原有1000多座牌坊，经过历史的冲刷，还有100多座，被称为"牌坊之乡"。歙县的许国"大学士"石雕牌坊十分具有研究价值（图3-21），史料记载，是为了纪念明代的大学士许国而建立的冲天式仿木牌坊，很少见到这种前后两座三间三楼和左右两座单间三楼四面围合而成的牌坊。整座牌坊都是选用当地的青石，色彩厚重，风格质朴，细致观察，每一根石柱，每一方匾额，每一处的雀替，皆饰以精美的雕刻。最让人惊叹的是，匠师将许国的身世成就、丰功伟绩转化成图案、纹样刻于石上，图文并茂。[1]古人用图来叙述所发生的事情，唐兰先生在《中国文学学》中指出：文字本于图画，最初的文字是可以读出来的图画。东西南北四面各异，层

---

① 王其钧. 中国传统建筑雕饰［M］. 北京：中国电力出版社. 2009.

次丰富多样，繁而不乱，主次分明，雀替上精细的花鸟图案与砖面跌宕起伏的故事情节相呼应，以大见小，小中见大，叹为观止！特别是许国"大学士"石牌坊的倚柱上雕有12座石狮，姿态各异，活灵活现，在这人来人往的历史穿梭中，已傲然挺立了数百年。

　　棠樾牌坊群是徽州最有气势的牌坊，共7座（图3-22），皆为三间四柱三楼石坊，这一组规模庞大的牌坊的位列方式十分特别，即"忠"、"孝"、"节"、"义"、"节"、"孝"、"忠"，依次排列在古道上，十分有气势。由忠于国家之大忠到忠于人民之结束，真难得棠樾村落

图3-20　三门四柱七楼大牌楼，涵虚牌楼

图3-21　许国"大学士"石雕牌坊
（资料来源：笔者自摄）

图3-22　棠樾牌坊群是徽州最有气势的牌坊，共7座
（资料来源：笔者自摄）

的族长绅士的大智慧，这些牌坊也是古徽州
人智慧与汗水的结晶，也是当时徽州崇尚孝
道、奉守礼义良好风气的标志。每一个牌坊
都是徽州"三雕"技艺之大成，透雕、高浮
雕、圆雕、线雕的手法贯穿其中，装饰纹样
精致、造型典雅，彰显徽州地域文化的独特
魅力！待到油菜花时节，远看棠樾牌坊群犹
如一条石巨龙盘旋于田野，眼中耀眼的金黄
与素雅安静的巨龙，像一幅大自然美丽的画
卷向我们展开！这一座座牌坊犹如园林景观

图3-23　西递民居里的"耕读人家"石碑
（资料来源：笔者自摄）

中的序列节点，组成一个景观轴线，引领游人往前走去。在园林造景手法中，常常采用曲折
幽深的园路营造出整个场地的幽深静谧，达到别有洞天的效果。

　　牌坊上的匾额也是一种艺术形式上的语言，形式多种多样。匾额在园林中经常与楹联
一起用来点景，丰富意境、唤起联想、增加诗情画意。如江南园林中的楼台亭榭，造园家
们常以匾额加以文人楹联，来传达景色之意境，达到画龙点睛之笔。匾额通常都是在中间
雕刻文字，这种文字与建筑的结合，也是中国传统建筑的一种独有的形式。石雕匾额在色
彩上比较单一，但是形式多样，中国汉字文化博大精深，其文字的字体就可采用不同的种
类，字体雕刻的手法可采用线雕、浮雕技艺，其匾额边缘的装饰图案也极其丰富，常见的
卷草纹、花叶纹、回纹等，石雕匾额的大小、形状多样，以建筑来衡量设计其大小形式。
有方形石碑的碑文额、形似秋叶的秋叶匾、如书卷式的手卷额等[①]。徽州西递一个普通民居
内摆放在墙边的一块老石匾，上面采用线刻的方式刻有"耕读人家"（图3-23），匾额边沿
花纹装饰风格质朴，与匾意相契合。下方的石刻隐约看起来应该是"四骏图"，有马到成
功之寓意。

　　徽州"三雕"的发展是徽州文化的良好载体。从这些精美的雕刻作品中，我们看到的是
古徽州人辛勤劳作的身影、儒孝礼悌的风气、美好生活的愿景，也看到了徽商文化影响之深
远。同时，徽州"三雕"也是皖南地域文化的产生与发展不可缺少的元素，是我们后辈子孙
学习并研究徽州文化非常优秀的素材！

① 楼庆西. 中国传统建筑装饰［M］. 北京：中国建筑工业出版社. 1999.

## 3.2 传统民居装饰元素的形态构成

### 3.2.1 形态构成要素

点、线、面是最简单的形态构成元素，是最基本的形态构成语言，传统民居装饰元素最基本的构成要素也是点、线、面的基本形态，点、线、面的变换与组合使民居装饰元素形成不同的个性特征。伯克斯在《艺术与建筑》一书中说："艺术和建筑总是会把观赏者拉回到那些作为视觉语言的构成要素的最基本的形体上来。"[①]这里"构成要素的最基本的形体"就是点、线、面。

1）点

鉴于当前保存的远古时代的建筑无法考证，对于传统民居装饰的最早起源，人们至今也没有确切的说法，但是对于装饰最早源于"席纹"的说法，人们的意见相对较统一。古代人们在制作各种器皿过程中，放置于席上，然后席子的纹样印在器皿上，出现了最早的席纹，加上人们的审美意识，他们觉得很好看也很有特点就渐渐地模仿，于是就出现了最早的装饰元素。根据西安半坡村遗址，墙体上有排列整齐的坑点，是用手在压实泥墙的过程中印上的，人们没有忽略这种无意识的装饰行为，而是成为一种装饰，这也是最古老的"点"元素的运用。

在民居装饰元素中，"点"包含的范围从小到大，从实到虚，范围较广，小到装饰纹样中的一个"点"，大到抱鼓石也可看作是民居装饰中的"点"元素。在具体的环境中，"点"是相对较小的元素，但是在大的民居空间范围中，作为装饰的"点"又是大的，整体性的，这与距离及视觉相关，而且装饰中"点"的形态是不固定的，圆形可以做装饰元素的点，方形、椭圆形及其他不规则的形状，或者是组团的装饰图案都可以做装饰元素的"点"。人们往往强调"画龙点睛"之笔，这一笔意是抓住了造型艺术里关键因素，而装饰中也强调这一笔的作用。"点"在装饰元素中也会将其规则排列应用，作为装饰构件的边界线。"点"的不规则排列，一是表现装饰物体的肌理，二是通过点的密集程度表现物体的远近变化。远距离观看民居，经常看到的点就是元素不是很大的装饰构件，这些装饰构件统一于民居中看也可以认为是"点"。如大门的铺首门环，远看如门上的两个点，近观其精美细致地雕刻图案；再如檐口，近看是一个个的瓦当，作为"点"的元素呈直线形排列；门簪（图3-24）虽然是立体的，但远观是门上面的两个装饰点。

---

① ［美］巴里·A·伯克斯. 艺术与建筑［M］. 刘俊，蒋家龙，詹晓薇译. 北京：中国建筑工业出版社，2003.

2）线

点的移动形成"线"。构成民居装饰的
常见元素是线，线有直线与曲线两种，直线
又分为水平线、垂直线、斜线三种，曲线分
为单曲线、复曲线、自由曲线三种[①]。线的概
括性较强，能够通过线条的运用勾勒出装饰
元素的趣味性，表现元素的动态特征，也能
通过线的疏密、粗细、平滑、曲直表现元素
的情绪特征。

图3-24　门簪，作为点的元素呈直线形排列

水平线不言而喻是与地平面平行的横线，它在建筑装饰中起到平衡与稳定建筑形态，装
饰构件的作用。屋脊与檐口、基座是民居装饰的关键部位，屋脊是一条中间水平，两头略微
起翘的弧线，在强调建筑装饰稳定性的同时使建筑体量轻盈美观；檐口的线是由一个个的瓦
当组成的，是点的元素相连接的结果；基座是增强建筑稳固性的重点部位，其形态就是水平
的线，没有任何的曲线变化。这几个部位的形态决定建筑是否有稳定的体量感，民居的主要
功能就是供人们居住使用，倘若不能给人安全感，那人们也要考虑是否适合居住，因此这几
部分的线是水平线，像其他的装饰构件，梁架也是水平线。垂直线与水平线相比有向上的冲
力，包含着对大地水平力的反抗与束缚的挣脱。最典型的就是柱子，它与水平梁檐架形成力
量的对比。斜线介于水平线与垂直线之间，在水平线的稳定与垂直线的挺拔之间产生的趣味
丰富的线，通过变换角度改变方向，因此斜线的方向不固定，有15°、30°、45°、60°、
75°等，如果将等长斜线连接形成的图形大概有三角形、六边形、八边形等，也有角度不固
定，长度不相等斜线的连接，冰裂纹就是一种常见的斜线的组合形式。水平线、垂直线与斜
线经常不是单独使用的，它们互相组合，在装饰构件中各种力量相协调，最常见的是窗棂，
组成大小各异的格子空间。

曲线是民居装饰中必不可少的元素，它圆润流畅、温柔婉约，曲线曲率的变化可以形成
不同的风格。单曲线是内外曲率保持恒久不变，普遍应用的是正圆、涡形纹。装饰元素中的
纹样有套环纹和结绳纹，都是正圆单曲线的不断重复，涡形纹的主要代表是云纹。复曲线是
内外曲率都发生变化，像螺旋线、抛物线、椭圆、双曲线等。因为民居装饰元素很多来源于
自然景象与动植物，这些自然界中的物体没有固定的变化角度。复曲线因内外曲率的不同可
以形成刚柔变化的形态，唐代流行的蔓叶纹其主干就是S形复曲线。自由曲线是没有任何变

---

① ［日］伊东忠太.中国古建筑装饰（上）［M］. 刘云俊，张晔等译. 北京：中国建筑工业出版社，2006.

化规律的曲线，有时像儿童的涂鸦，有时又像艺术大师的随意勾勒，看似无形，而在这种随意中却看出一种自由与洒脱的豪放之情。

这几种线的形式都是互相交错使用的，外框严肃规整的水平线、垂直线，内部穿插变化多姿的曲线，或者是由曲线构成的动植物与风景图案，在整体稳定平衡的框架下不乏灵动的气质。

3）面

民居的形态是建筑体，面是点线的运动轨迹，也是体的组成部分。民居装饰中很多构件都是面，如屋顶、墙体、影壁、建筑立面等。

民居装饰中占据的面积较大，因此不是每个面都要全部进行装饰，而要对关键的中心部位进行装饰，屋顶的装饰就是屋脊，但一般的民居建筑屋脊装饰都较为简单，山墙的装饰较多，北方气候干燥，山墙面的装饰很多是通过用砖石拼贴的图案，西南地区像白族民居会在山墙上绘制各种各样的装饰纹样。

### 3.2.2　形态构成形式

传统民居中的装饰元素从立体化到平面化几个方面，我们所见的装饰元素构成形式大体为"雕刻、拼贴、绘画"，从三维到二维的变化。其形态的构成形式分为三维立体装饰、半立体装饰、平面性二维装饰。对于装饰元素的构成形式，可以从整体到局部进行观察，整体指全面的全方位的观察建筑，屋顶、檐口、墙身、柱架、台基、影壁等各部位，局部的大门、窗户、铺地、结构构架，室内牌匾、对联、装饰壁画等。

1）三维立体装饰

三维立体装饰是指装饰的形态是长、宽、高三维的，这类装饰物大多是作为物件独立存在于民居建筑中的，具有相对的独立性，三维立体装饰的投影可以看作是独立的，有的也附属于建筑，具有相对的功能性，更多的时候是出于建筑的美观来加工设置的，有祈福保平安等吉祥意义，对于建筑本身可认为是可有可无的东西，就算是附带某些功能，而这些功能也可以通过更加简单朴素的方式进行表达，但是这些装饰物的存在却能增添建筑内外部的生动活力和文化情感。

在民居三维立体装饰里，多以雕刻性装饰为主，在建筑构件的至少三个维度进行雕刻，是对这些装饰构件的周身雕刻。仔细观察民居建筑，这些三维的雕刻性装饰有门口的抱鼓石、屋脊小兽、梁架结构、室内的家具，它们在调节建筑室内外格局中发挥了一定的作用，让空洞无趣的建筑有了灵魂。

2）半立体装饰

半立体装饰是介于三维立体与二维平面装饰之间的半立体装饰形式，如切折纸图案就是半立体的构成形式，通过在平面卡纸上先用铅笔绘制图案，再用美工刀刻画做折痕（不能刻透），按照折痕线折叠，呈现出半立体的效果。建筑平面的凹凸变化可分为阴刻与阳刻，阴刻与阳刻的手法有浮雕与圆雕两种。阳刻的图案高于建筑平面的高度，阴刻是对建筑平面的浅浅的纹饰雕刻。它们的投影几乎与造型重合。常见的民居建筑的装饰雕刻大都为半立体的。另外一种特殊的半立体装饰就是拼贴材质装饰，如地面铺装，表面的拼花图案内容丰富，虽然看似是平面性的，但材质表面凹凸不平的肌理效果，在笔者看来也是半立体的一种表现。这些形式在光的照耀下会出现影子与凹槽，室内外的装饰艺术得到增强，环境的装饰氛围浓厚，建筑由开始的毫无生机经过人类思想感情的加工也有了文化意向与人的感情及精神祈求。

前面介绍了四合院民居大门的特色性标志抱鼓石，也有大量门前石。抱鼓石本身是集装饰与功能于一身的构件，而抱鼓石上面的浅浮雕，却显示出具有半立体性的装饰。对抱鼓石表面装饰的研究可以看出：形体是浅浮雕与深浮雕的综合运用，鼓上的狮子活灵活现，鼓面的花草与小动物，衬托抱鼓石的三角形铺锦，雕刻简洁的须弥座以及光洁无装饰的方形石块，整个构件方圆结合，图案深浅配合，装饰繁简得当，是三维立体装饰构件下半立体细节装饰的最好体现。

3）二维平面装饰

二维平面装饰指民居建筑中绘画性装饰，平面装饰有几种形式：纯粹的绘画装饰、平面性装饰纹样。纯粹的绘画装饰在国外建筑中应用较广泛，在建筑的屋顶绘画，表达各种的宗教内容。我国的传统民居中平面性装饰一般是在门上绘制财神、门神等内容的装饰图，以祈求门神保平安（图3-25）。另外的平面装饰就是大点的传统民居的厅堂内的挂画与对联（图3-26），图内的装饰画上有松、有喜鹊，寓意是"喜上枝头"，对联内容为："和气瑞祥达乎乡党，厚德载福贻厥子孙"，传达仁义礼制的思想，这种表现形式是通过绘画与文字表达的。另一种平面性装饰纹样是用绘画的方式绘制装饰纹样，一般是在立体装饰构件上描绘图案，或者是墙壁、山墙上绘制，也有的在庭院景观门上绘制。我国的白族就有在山墙上绘制各种装饰纹样的风俗（图3-27）。徽州民居的大门的门罩以及檐口下方也有装饰性砖雕、石雕等。

### 3.2.3　形态构成手法

1）写实

民居装饰作为一种艺术形式，来源于生活，也是生活民俗文化与美景的表达，从生产生活中提取各种素材，以自然与生活为创作母题。农耕社会的人们，在生产生活中和人与自然打交道，人文风情、人物面貌、自然风景成为装饰元素的灵感来源。在民族审美意识形成之初，人们对装饰元素的运用就是通过"写实"的手法来表现的，但这种艺术性写实也有创作的成分。现实的动植物及自然人物素材内容丰富多彩，千变万化，我们生活中所见的各种美的创作素材并不总是符合民居装饰元素的要求的，"写实"不是简单的抄袭现实物体，想要完美地与现实物体一样，那是照相机的功能与作用，不是装饰元素作为一种艺术创作的本源与方法构成目的，因此写实的过程也是不断取舍，抓创作元素关键特征的过程。

写实是民居装饰元素形态构成的普遍手法，这种手法是对在现实理解上的写实，在创作过程中，把需要重点描绘的部分进行强调，把重点的人和物描绘详细，并进行不同程度地取舍、艺术选择与描摹，不像西方的建筑装饰那样面面俱到地对每一个细节都描绘清楚，这也说明我国传统民居装饰元素在整体写实的过程中基本理念和途径。另外写实手法更要抓住原物的神韵，如果完全想按照实物进行写实，造型把握不好的话，最后又丧失原物的神，那将是形神皆失，比如大门口门墩上的狮子，其大体的形态与真实的狮子是相似的，主要是要抓住狮子凶猛又可爱的神态，丧失神态，可能会被认为是小猫、小狗之类的动物，再譬如图中（图3-28）安徽西递某建筑石雕，就是采用写实的手法，图中刻有各种宝瓶、宝剑，也有动物、植物甚至有果盘、水果，内容虽然有点繁杂，但是每个物体刻画清晰，形象真实，构图饱满。

图3-25　安徽绩溪龙川胡氏宗祠门神像
（资料来源：笔者自摄）

图3-26　安徽黟县西递迪吉堂
（资料来源：笔者自摄）

图3-27　云南昆明民族园白族民俗馆
（资料来源：笔者自摄）

图3-28　安徽西递某建筑石雕
（资料来源：笔者自摄）

2）简化

写实的手法能生动的将实物运用各种手法表现出来，但在有些时候只要用简单的线条处理或者图像的局部就能将本身非常复杂的图像要表达的故事内容交代清楚，这就是简化的手法。简化法是中国线描以及人体绘画艺术中经常用到的手法，人体的外轮廓线条变化丰富，身体曲线变化微妙，而艺术家完全可以通过几条经过简化的曲线表现女人身体的婀娜多姿，并且能反映人体的动作体态。传统民居装饰中常会有动物的形状，动物身上的皮毛有几十万根，工匠不可能将其全部表现，而是省略或者用寥寥几笔就表现动物身上的皮毛形象。植物纹作为民居装饰的元素时，树叶的曲曲折折的边线，也是要通过简化的手法概括成简单而优美的曲线。

前面文中讲过八仙是常用的祝福吉祥元素，但是八仙的人物造型非常复杂，动作形态较难把握，因此人们就把八仙形象进行简化，仅仅用八个人身上的器物作为民居装饰元素，这八样器物分别为：渔鼓、宝剑、花篮（图3-29）、笛子、荷花（图3-30）、葫芦、芭蕉扇、阴阳板等八样器物（图3-31），同样成为道教文化的组成部分，成为一种宗教符号，有祈福禳灾之意。这八仙的元素在皖南徽州民居以及山西晋南民居中都采用过。

3）变形

有些复杂的装饰元素用于民居建筑中不能单纯地通过写实或者简化的手法表现，只能通过变形的手法构成。变形的目的是突出原来元素的特点，增强图形的装饰性，更符合理想要求，符合制作工艺。图案变形有几种形式：变化以适形、简单形态复杂化排布、元素框架结构的扭曲、抽象自然物、夸张细部、自由变形等手法。

我国传统民居装饰元素中有"花中套花，花中套叶，动物套花"的手法，变化以适应外框形体或适应造型。适形就必须要变形，这种"形中套形"的手法经常用于民居雕刻装饰中。过于简单的装饰元素会让人感觉形态单薄，形体缺乏变化，因此可以在简单形体上增加装饰元素，使之构图饱满，唐草纹与蔓叶纹基本的形态是S形曲线，这如绘画的第一笔是先要抓住物体的框架结构，再添加各种的树叶，倘若元素没有复杂又变化多样的叶脉添加，会缺乏很多的生机。但是变化手法的过程也是有度的，在把握表现主题的情况下，装饰主题框架要突出，细枝末梢添加也要有分寸。

图3-29 "暗八仙"花篮
（资料来源：笔者自绘）

图3-30 "暗八仙"荷花
（资料来源：笔者自绘）

（排列顺序：花篮、芭蕉扇、鼓、荷花、葫芦、笛子、阴阳板、宝剑）

图3-31 八样器物也是道教传统里的八仙的符号
（资料来源：笔者绘制）

## 3.3　传统民居装饰元素的材质类型

传统民居装饰元素必须要附着于一定的建筑材料才能展现出它的形态以及构成手法，不同的材质出现了不同的装饰形态、装饰手法，它的一个最大特征就是取材于地方性原生材料，能够就地取材，并且能"材"尽其用，充分发挥了乡土材料的性能与地方特色，这也决定了地方的民居装饰因材料的不同而出现相对的差异性，这是我国传统民居装饰元素能够平稳发展与传承的基本原则。材质的不同也使地方建筑装饰呈现不同的材质肌理特征。材料本身的质地肌理就是一种装饰元素，这种民居装饰元素是最本质的，没有其他的人工参与的美的构成。装饰元素的发展也因为材料的发展而有所差异，原始的民居建筑是以木材和泥土为主，装饰元素就出现在泥墙上，随后泥土的烧制，出现了瓦，因此，汉代瓦当的装饰又成为当时时代的主流，最后砖、石也成为主要的建筑材料，砖雕、石雕普遍应用于民居中，这些装饰材料在使用中不断融合、混合使用，共同发展。

我国的传统民居装饰元素大部分是通过雕刻来表现的，石头、砖块、木料是我国建筑中最常用的建筑材料，根据材质分，雕刻分为石雕、木雕、砖雕，受气候的影响，北方民居合院建筑，为避免风沙的侵袭，建筑的木结构加上砖石做围护，这些裸露的部位就成为装饰的重点，因此北方的装饰多以石雕或砖雕为主，而南方多为木雕，绘画多在北方的民居建筑中，因为北方干燥，南方潮湿，南方的木材雕刻不易开裂，而北方的装饰以绘画为主，也因为雨量较少的缘故而保存时间更长。

我国的房屋以木结构框架为主，有"墙倒屋不塌"之说，建筑构架有大木作与小木作，大木作指梁架结构，而小木作就是指装饰构件，因此木材也是民居装饰的重要材料。木材作为装饰元素的附属物，其表现有绘画与雕刻两种。古代传统社会与聚落对色彩的运用有严格地控制与应用，因此民间建筑色彩淡雅朴实，多以材料本色为主，用彩画装饰的较少，因此木材上的绘画装饰保存的也不多。木雕又有浮雕和透雕两种，多用于木隔断、门窗、护栏等装饰中。北方的木雕也多用于窗棂之上，南方木雕应用广泛，保存较多，如图徽州民居中的木雕（图3-32），隔扇与栏杆上都有内容反复的雕刻，上、中、下三层不同的几何纹样。

砖作为建筑材料，使用年代非常久远，所谓"秦砖汉瓦"就能反映基本使用的历史，其色泽灰暗，但它较适用于雕刻，受气候环境的影响弱，比木材容易保存，耐腐蚀，比石材容易制作、并且经济以及它的古朴美观广泛应用于民间建筑。砖一般为水磨青砖，砖雕的种类有浮雕、透雕、立雕，这几种雕刻种类在建筑装饰中综合运用，能够突出空间的层次感与立体感，并且砖雕能够深入刻画，可以展现主人的审美及爱好，体现宅院主人的道德修养水平。但是砖作为装饰材料，因其质地相对较硬，需要对构图了然于心并有良好工艺水平的工匠雕刻制作。我们经常会见到民居各个部分都有砖雕的身影，在屋脊、墀头、影壁的壁心、大门门楣之上等部位，在满足建筑的精神需求的同时，增强了建筑装饰元素的艺术表现力。

民居装饰中除了运用大量的木材与砖料外，石材的应用也非常普遍。在民居装饰中石材的表现有两种：一种是依附于精美的雕刻——石雕；另一种是石材的拼花铺设。石材的雕刻也包含着构件装饰与陈设雕刻装饰。构件装饰如抱鼓石、上马石、柱础、山西黎城上村的墙上的拴马石等构件，以及笔者在烟台牟氏庄园见到的拴马石，这些构件元素在使用功能之下包含装饰艺术美。陈设

图3-32　安徽黟县西递大夫第室内门扇
（资料来源：笔者自摄）

雕刻装饰类石雕内容大多是反映美好生活，也是反映山水风景、植物、人物、动物、历史典故等，以祈福迎祥。石头除用作雕刻处理之外，用石材铺装拼贴装饰图案也是一种材质运用的形式，我国各地所产石材不同，如有太湖石、灵璧石、黟县青石、玉石等，用石材拼接的图案形式及肌理效果也各有不同，呈现不同的美学价值。

## 3.4　传统民居装饰元素的美学价值

美学价值是指劳动群众在与自然环境的协调与共存的关系中，形成的审美标准，这种审美标准成为人们处理人与自然环境关系的评判标准，在一定程度上给劳动群众一定的文化享受与精神愉悦。而传统民居装饰元素的美学价值就是人们在长久的劳动实践中从自然中寻找装饰元素，利用建筑材质表现装饰美，寄托人们的思想情感，丰富建筑空间，并成为创造装饰元素的评判标准。

### 3.4.1　崇尚自然之美

我国的民众长期的日常生活离不开自然，也乐于与自然打交道，不论自然环境优劣与否，都能顺应自然过着自给自足的生活，在这种生态环境下，体会了大自然给人们以食物和各种资源的魅力，这种魅力也让民众养成对自然的保护意识与审美意识。当然，有时候自

然环境看起来相对比较贫瘠，但是正是在这种资源少的艰苦环境中，人们通过长期的劳作，细心观察，艰苦思索，自给自足，生产出生活必需品。人们这种适应自然，超越贫穷困苦的生活状态，营造出了适宜人类居住的建筑环境，养成坚韧的生存意识，呈现出一种"自然生命美学"之道。人们把这种崇尚自然的生命美学之道用于传统民居装饰之中，并成为一种可以传承的装饰元素，寄托感情，感染后代。

图3-33　安徽西递某建筑墙体砖雕
（资料来源：笔者自摄）

　　传统民居中的许多装饰元素来源于自然，并装饰美化着建筑环境以及自然环境。民居建筑最直观的形象就是立体的坡顶的"四方盒子"，在物质生存需求解决的同时也没有忽视对美的追求，对美好事物的认识似乎是与生俱来的，不断地为这个"方盒子"加入新的元素，最初的这些元素就是来自于自然，这些最开始的简单装饰，使表面简单的盒子变得有生机、有造型美感与寓意。图中安徽西递某建筑墙体砖雕（图3-33），画面雕刻了以梅花为底，喜鹊点缀的内容，表达了"喜上眉梢"的美好意愿。另外传统民居的装饰元素都是手工制作、人们懂得量才而用，即利用自然，并懂得珍惜自然的一厘一毫，崇尚自然且尊重自然。

### 3.4.2　建筑材质之美

　　在上一节中介绍了民居装饰元素的材质类型，这些材料元素营建因为低廉的价格，并且易取易得，在经受大自然阳光雨露的滋润后，这些本乡本土的装饰材料蕴含了岁月的烙印，也吸收了当地绿水青山的灵气，这些材质与这片土地相互共生，变得与当地的环境相和谐，呈现出地域建筑材质美。民居建筑装饰元素的美主要体现在建筑材料的质感、色彩、肌理几个方面。

　　装饰材料的混合使用，让建筑在材质运用方面体现出节奏感与韵律感，同时装饰部位也因材质的不同而产生不同的心理感受。木材一般用于建筑构架与门窗雕刻中，石材用于基座与墙体、影壁等部位，砖用于墙体墀头、景观窗的雕刻。木材质感温暖，大都用于人直接接触的地方，如栏杆，扶手多用木材。砖雕用于人视线关注的部位，石材用于建筑整体装饰的底部。各种材质的有机组合，让建筑轻巧而不缺乏稳定之感。民居建筑因封建社会中央政府对普通民居色彩的限制使用较少地用红、黄、蓝色彩进行装饰，装饰材质的色彩之美，主要是体现在材质的本质色彩之美。木材的暖黄、砖的青灰、石材变化多样的彩色以及瓦的黑色，墙体的白色，这些颜色的组合，充分展示材质的自然之美，让民居显得清新淡雅，与自然环境的色彩协调统一。肌理之美就是材质本身的纹理特征与材质经过加工之后的表面形态特征，构成这种纹理变化有表面纹理结构的粗糙平滑、高低凹凸、纵横交错，有材质自身的纹理，也有人为加工设计，构成视觉或触觉上的材质美学效果。这些材质不同的肌理效果有不同的审美个性，产生不同的心理愉悦反应，展现出不同的艺术表现力。

### 3.4.3　人文艺术之美

我国的民众在各自的土地上耕作生活形成自己特有的文化基因，民众的淳朴、善良以及各自的语言文字，都用于民居装饰元素中，同时散发着朴实典雅的人文艺术之美。人文艺术之美是一种在创作装饰元素的过程中蕴含的劳动人民的智慧，包含着劳动人民的辛劳与汗水；另一种是装饰元素内容表现的人文艺术之美。传统民居装饰元素正是通过各种传统工艺手法的交叉运用，形成各种各样的工艺种类，如绘画、雕刻等，相应地出现了瓦匠、木匠、砖窑匠、磁窑匠等手工艺者。各手工艺者有自己的专属特长，而同时他们不是孤立的工作，他们往往是根据当地传统的施工工艺，通过对使用者家庭情况的了解，在建筑装饰中互相配合，运用各自的巧妙构思展现一技之长，融各家风采，使每座建筑都成为包含各地传统工艺以及工匠感情的艺术品。民居装饰元素的表现内容多表现各民族的人文艺术以及经过岁月的沉淀形成的民俗民风和诉说乡土民俗文化与历史的雕刻图案，都反映着民众的精神面貌。民居装饰中表现的自然风景以及通过额匾的书法题景等方法也非常多，同时展现了一种山水文化与匾额文化，是我国民居装饰的特有元素，也是利用文字内容的装饰形式。

自然山水、河海风景、水生陆生的动植物等都会成为构成民居装饰元素的母题，如"拐子龙、水草"等纹样，经常会与用于壁画与"泥"塑装饰元素中。这些传统民居装饰中的图案及题材的运用，或许并非是工匠的刻意而为之，更重要的是工匠们在生活中受到社会风气的影响，加之他们对生活的体会，才能创造出这些优秀的作品。因为当时的工匠不一定能达到对这些纹样图案造型彻底理解的境界，只是他们在生活中经常会接触到许多文人山水画，或是父辈的言传身教以及现实作品的模仿学习与创造，工匠通过对文人画及前辈作品的模仿创作，刻画出许多与山水、花鸟、鱼虫有关的图案，展现出人文艺术之美和山水文化。

### 小结

通过对传统民居的装饰元素进行归纳整理分析，探析装饰元素的类型与特征，了解装饰元素的基本形态，分析其构成的要素产生与演变以及形成，包括形式、手法，再总结民居装饰元素的构成材质，并归纳出传统民居装饰元素源于自然、源于传统、表现文化的美学价值及理想，由此可看出其在传统民居建筑中的重要性，通过这种归纳总结，我们会更好地在当代规划与建筑设计以及装饰设计吸取应用。

# 第4章　传统民居装饰元素的当代吸取应用

"今日的城市特色是从历史特色中成长发展起来的，未来的特色又要从今天向前延伸"。许多传统民居装饰虽然是用于传统民居的营建和需求里，但是传统民居在当代已经生长成很多类型的建筑空间，与此同时也增加和丰富了它原有的特性和美学价值，许多成为酒店、餐厅等其他建筑设计中可以借鉴发挥的资源，相应的传统民居装饰所起的作用相对发生转变，吸取这些传统的装饰元素用于当代建筑设计中，以更好地传承我国传统的装饰文化和装饰元素。本章主要介绍如何将传统民居中的装饰元素进行提取与运用。

## 4.1　当代建筑设计对传统民居装饰元素的借鉴方法

传统民居装饰元素的优良品质需要传承与保护。当代建筑需要强调自己的个性和特质，需要与各地的地域环境与文化相适应，吸取传统的精华不是保守、复古甚至落伍。这些基本的方法包括：通过直接加工转换运用、提取元素有机组合、抽象提炼原理借鉴三种方式的借鉴传承，结合新材料、新技术与新表现，感悟我国悠久的历史文化，设计出符合低碳社会所倡导的节能、低碳、环保的装饰艺术作品，并且与环境、地域相符合的现代建筑。

### 4.1.1　直接加工转换运用

传统民居装饰元素的构成手法中写实的内容占据了很大一部分，而现代建筑设计应用过程中，直接加工转换运用是应用中比较简单而又直接的方式。通过对传统民居装饰元素的直接应用，结合现代建筑材料与建筑形式，通过加工转换，用当代建筑设计表现出来也就是适合当代发展的设计方法，这种手法在国内与国外的优秀建筑及装饰设计里都有体现。通过笔者的调研与资料搜集，本书选取了几个国内外较为有名的建筑，像我国北京的奥运会主体育场"鸟巢"、水立方游泳馆、盘古大厦空中四合院设计、曲阜的阙里宾舍、曲阜孔子研究院的辟雍广场、北京奥运火炬的出火口，法国巴黎的阿拉伯世界中心外表皮设计等设计作品为代表进行分析。

北京的奥运会主体育场"鸟巢"是2008年备受瞩目的建筑，因为其建筑外观造型酷似鸟巢，由此许多人认为此设计理念与自然界中常见的鸟窝形态有关，但是事实上在设计意向凝聚上是有另外的创作灵感来源。鸟巢的设计师是瑞士建筑大师赫尔佐格和德梅隆，对于鸟巢空间造型设计他们的解释是，其灵感来源于我国传统民居中窗棂的"冰凌格"与我国陶瓷表面自然形成的"冰裂纹"（图4-1～图4-4）。我国传统民居中内部窗户是建筑立面装饰的关键部位，是建筑从内部向外部观察的"眼睛"，也是建筑室内透光，照亮室内的"眼睛"，前面也曾经介绍过窗棂产生的本源，它承载功能而存在，因此成为人们在设计中关注的焦点，其窗棂的图案"冰凌格"也成为设计师灵感的来源。"冰裂纹"也是我国的传统装饰典型的纹样，冰裂纹一方面是用于窗棂图案，另一种是我国瓷器因胚胎与表面釉彩经过高温煅烧后的膨胀系数不同，冷却后就会形成一种自然而不规则的开裂现象，这种裂纹层层叠叠，有立体感，展现了自然界中不规则的艺术美，因此逐渐成为瓷

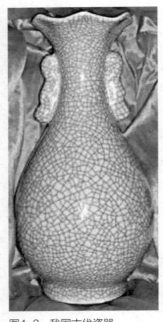

图4-1 冰凌纹窗格
（资料来源：笔者自绘）

图4-2 我国古代瓷器
（资料来源：http://bbs.hwjyw.com/
viewtopic.php?f=15&t=615）

图4-3 徽州民居冰凌纹隔扇
（资料来源：笔者自摄）

图4-4 北京国家奥林匹克体育中心"鸟巢"
（资料来源：笔者自摄）

器表面的一种特殊的装饰纹样。当前冰裂纹与冰凌纹被直接应用于建筑中的情况较多，但是这种直接应用且通过简单的加工运用的却较少，并且将这些纹样元素进行立体化运用，对我国传统民居中耳熟能详的装饰元素有了全新的解释。"鸟巢"的外表皮是传统民居装饰元素的直接加工运用，而鸟巢上面的火炬出火口也是运用了传统民居装饰中常用到的云纹图案。

关于传统民居装饰元素在当代建筑设计中直接加工转换运用的方式，笔者将细致地根据我们调研的曲阜孔子研究院进行分析。孔子研究院位于山东西南部的曲阜市，孔子的故乡，孔子研究院位于孔庙中轴延长线上，是孔庙思想的延续，其主要的功能之一是作为曲阜市举办临时学术交流的地方；二是做博物馆用途，陈列展览孔子时期保存至今的众多文物精品；三是孔子文献资料整理汇编储存的中心；四是儒家学术文化研究，举办各种儒学研究的专题性学术研讨会的机构；五是作为孔子文化培训地点。该建筑群是由清华大学博士生导师吴良镛先生主持设计，由于项目重要，用地范围很大，所以需要多专业共同进行密切合作，包括建筑、园林、装饰艺术设计等，另外许多国内知名的建筑、景观等专业的设计大师也参与了设计，如建筑界张锦秋院士、园林界孟兆祯院士、室内设计界王炜钰教授等，他们共同参与设计了此建筑群方案，由此也证明了此研究院的重要性与广泛的社会影响力。该建筑很多设计灵感来源于对传统民居建筑分析研究，并结合当代建筑设计与功能布局，传播儒家的"仁"、"义"文化，对于研究当代的建筑空间如何在历史文化名城中传承发展，意义重大。其内部的辟雍广场是对传统民居装饰元素直接加工运用的最好展现。

辟雍广场与后面的主体建筑共同围合组成前面庭院式的院落空间，其概念来源于一个建筑词汇：明堂辟雍。明堂指后面的主体建筑，辟雍，音译"璧雍"，辟雍，在古代指贵族子弟的大学。因此此词包含着两种建筑形制。明堂，是古代我国天子进行朝会、祭祀的场所。明堂在古代就是高台建筑，有"高台明堂"之说，具体的建筑形象是设计师通过对战国青铜器上描绘的民居建筑作为设计的原型，所描绘的建筑形态是孔子生活的春秋时代的民居建筑，并深入分析器具上的建筑屋顶造型元素，以直接运用于孔子研究院的形体设计之中。首先在造型方面，屋顶的形象元素是借鉴的重要部分，是战国时期青铜器画像中四坡覆斗形的建筑屋顶的直接加工运用，因为我国自唐朝之后的民居建筑的屋顶多为曲面，屋顶有明显的举折，而孔子研究院的屋顶用的是直面坡屋顶，因此年代要更早些，由此推断建筑的屋顶形式与孔子生活的年代更接近，也更体现孔子研究院建筑力度感与时代性。研究院内建筑群落的所有建筑包括周围的辅助用房都为此屋顶形式，建筑整体布局造型统一，群落内主次建筑通过体量尺度的变化高低错落，产生一定的节奏感。辟雍，建筑形体为圆形，四面环水。在这里作为广场形制，其造型还是圆形，四周环水，如玉如璧，"会其意而象其形"，是将传统元素的直接转换运用于当代建筑设计中。另外通过辟雍广场的图底关系可发现环形广场与环形水池的有机关系，以及建筑与景观的布局原则，形成丰富的外部景观空间，圆形的广场与方形的建筑形成轴线对应关系。

传统民居装饰元素直接加工转换运用的例子还有很多，像北京首都博物馆内部的青铜椭圆筒，表面的纹饰是雷电纹。阿拉伯世界中心外表皮设计、曲阜阙里宾舍的装饰纹样设计等，笔者将在第五部分的应用途径里再进行介绍（表4-1）。

传统民居装饰元素直接加工转换运用举例表　　　　　　表4-1

| 建筑 | 图片 | 应用元素 | 运用方法 | 资料来源 |
|---|---|---|---|---|
| 曲阜阙里宾舍 | | 歇山式屋顶、白墙青瓦 | 建筑风格的统一 | 笔者自摄 |
| | | 青铜饕餮纹样 | 直接运用装饰元素 | 笔者自摄 |
| 奥运体育馆鸟巢 | | 冰裂纹 | 装饰元素的放大加工 | 笔者自摄 |
| 曲阜孔子研究院辟雍广场 | | 造型的直接运用 | 造型的直接运用 | 笔者自摄 |
| 首都博物馆 | | 雷电纹 | 装饰纹样的直接运用 | 笔者自摄 |

### 4.1.2　提取元素有机组合

传统民居装饰元素提取组合的方式需要建立在对该文化创作本源的深刻认知与理解的基础上，提取的元素应当能代表该地区的文化理念。在建筑设计中经常会提取两种或者两种以上的传统民居装饰元素进行组合运用，设计师通过对这几种元素的打散、重构、组合可以组成全新的设计形式，从而形成空间形态更为丰富的建筑环境，同时也增强了建筑的装饰效果。前文中我们介绍了"暗八仙"来源，就是以局部代替整体，提取元素再组合，在保留我国传统装饰图案的宗教艺术内涵之时，也为传统民居增添了新的优秀的装饰设计题材。

"鸟巢"旁边的北京国家游泳中心"水立方"，在阳光下看起来，"水立方"像海洋里的一个个水泡，晶莹剔透，在造型上体现了"水立方"内部功能跳水运动。它与"鸟巢"的灵感元素相对比，却能发现某些相似之处，国家体育场的"冰凌纹"是一种极不规则的元素造型，而"水立方"更像是将"冰凌纹"加工创意后的造型，它是由11种不同形状的几何纹构成，两个大体量建筑的功能不同，分属中轴两侧，在突出各自的特征时，在设计中各个体块之间也相互呼应。这两个建筑都是对传统的北京民居中常用几何纹装饰元素的传承，只是以另一种的构成方式展现，给北京的民居装饰元素以新的解读。现在这两个体育馆建筑已经成为北京城市的标志性建筑。

孔子研究院中辟雍广场水池中16根装饰性灯柱（图4-5）及门柱，是对传统古器物玉琮（图4-6）外形的提炼应用。玉琮，内圆外方的玉制礼制器具，成都金沙遗址中发掘，属于远古的祭祀崇高礼器，其形制能代表辟雍广场整个设计时内圆外方的理念，将其放大抽象运用，不仅能体现其现代感，同时与地域的传统文化相呼应，与辟雍广场取其形达其义的表达主题相一致。

图4-5　孔子研究院中辟雍广场灯柱
（资料来源：笔者自摄）

图4-6 玉琮
（资料来源：http://8888yq.com/html/2/article_
1543383739_4.html）

图4-7 苏州博物馆内部
（资料来源：笔者自摄）

### 4.1.3 抽象提炼原理借鉴

在当代信息化社会中，时代的迅速发展与快速更新的信息使任何事物更新换代的速度加快，特别是设计领域，从不确定性及似是而非的能引起人们心理共鸣的角度入手，追求张扬表现，建筑作为物质形态更能表达与象征存在的精神形态，突破传统建筑只作为居住的功能，更注重建筑给人带来的心理感受，因此要更好地传承传统民居装饰元素就要对元素进行抽象提炼并进行原理的借鉴。

抽象提炼、原理借鉴这一方式本身就具有高度的抽象概括力，保持了原型的生命力，通过提炼把握原理的精神内涵以及保持本体整体美好的突出特征，其简练与明快的表现形式，含蓄与神秘的表现内容，并能达到由此及彼的联想效果，根据此理念设计的作品，能让人感觉它的内在含义，但却不能直接观察出来，得经过抽象的思考后能找到并发现传统，这是对传统民居装饰元素传承与延续的最高境界。这种形式更关注对原型的"神似"，这种抽象提炼可以通过夸张、变形、比例、节奏等抽象性艺术加工与表现形式相融合，以适应客观创新表达形式的需要。

在笔者调研过的苏州博物馆与孔子研究院中均有通过抽象提炼装饰元素运用的细部设计。如著名的华裔建筑师贝聿铭设计的苏州博物馆，在建筑屋顶设计中使用精确的几何形组成的多面坡顶的形式，又把传统建筑顶部的屋脊装饰与檐口下的斗栱转化为当代新的建筑构造技术钢结构，而内视屋顶则是木结构的隔扇加上支撑龙骨（图4-7），这是传统民居中椽子的演变以及粉墙黛瓦，园林亭榭，这是用了前面所说的直接加工转换运用的方式，这两种方式共同让苏州博物馆与周围建筑在整体形式上形成统一，让苏州博物馆既有传统的江南水乡的宁静，也有现代建筑的干练与简洁。

　　孔子研究院中九宫格的运用与屋脊凤吻就是对传统元素的抽象提炼。这些虽然不是民居中的装饰元素，但是这些理念却较贴近人们生活的精神文化。九宫格最早源于中国，至今仍被人们使用，一种是作为书法临帖写仿的界格，另外一种是数字游戏。九宫格因在儒家典籍《易经》中有"洛书九宫图"，《周易·系辞传》中也有："河出图，洛出书，圣人则之"的记载，民居中许多的装饰元素就是我国祖先根据河图洛书独自创作出来的，受到人们的关注。《易经》中的解释把九宫格与孔子的理论学说联系起来，同时孔子研究院批准的规划用地方整，设计师也由此想到了"九宫格"。因此，孔子研究院的整体空间布局就按照九宫格的形式进行，地块的划分与利用也达到了更好地表现效果（图4-8、图4-9），建筑与园林相互穿插，在虚实之间，水体、绿树、亭榭、建筑相互掩映。屋脊是我国建筑装饰中关键的装饰部位。因为孔子研究院的形制比较高，又是以研究孔子文化为主的建筑，通过皇帝为龙，孔子为凤的比喻，因此建筑屋脊用了凤凰抽象化的鸱吻，提升了整体建筑的气势，也说明了当前国家对儒学的关注。

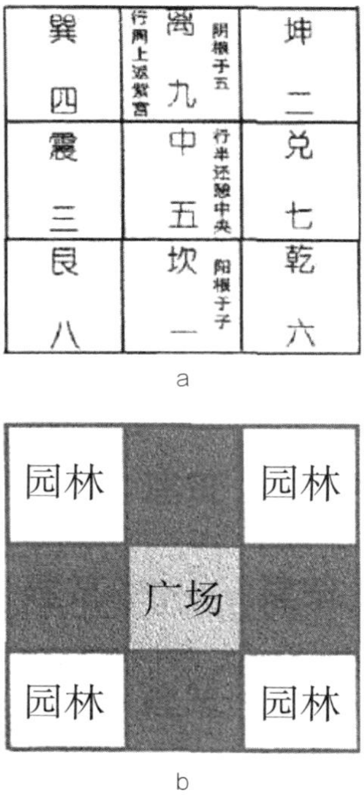

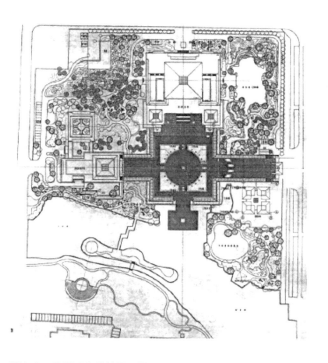

图4-8　九宫格原图与简化图
（资料来源：沈伊瓦《原型·象征·创新——斋浦尔博物馆和孔子研究院比较》）

图4-9　孔子研究院总平面图
（资料来源：清华大学建筑学院、清华大学建筑设计研究《曲阜孔子研究院的设计实践与体会》）

坡屋顶作为中国传统民居建筑的典型代表，生硬的照搬已不能适合当代大体量建筑的使用，继而出现了像中国美术学院象山校区的屋顶形式，王澍设计的整个校区在坚持传承传统风格的基础上运用创新理念，坡屋顶成为波浪形的大曲面形式，这种屋顶的处理形式被当前许多建筑师所认同。正在规划设计的武汉火车站方案图，设计灵感虽来自唐代诗人崔颢的"昔人已乘黄鹤去，此地空余黄鹤楼。黄鹤一去不复返，白云千载空悠悠。"但建筑整体飞鹤状造型却似传统民居的屋顶形势，由九片屋檐构成，展示湖北"九头鸟"的称谓，象征武汉的飞速发展与社会经济的展翅腾飞，反映武汉的地域文化，是传统民居装饰元素在新时代解读方式。

## 4.2 传统民居装饰元素在当代的综合表现

传统民居建筑装饰元素通过各种形式如建筑构件、砖石木等材料雕刻、绘画、匾联等表达着我国的宗教信仰以及祈福纳祥的心理。这些元素也因时间的沉淀积累了各民族的文化传统与地方神韵。将"传统"与"当代"结合，在建筑设计中互相交融，并能做到互相衬托，共生共存，其组合也是自然而有机的，这就要求我们走自己当代民居建筑的原创之路，其表现形式有许多，但不论哪种形式，成功与否，追求新表现的原创尝试都应值得提倡与发扬。

### 4.2.1 新材料 新技术 新表现

传统民居建筑因为其与自然环境相关的建筑材料的局限性，建筑材料一般为当地的天然材料，主要有：草类（海草、玉米桔梗、小麦桔梗等）、树木、泥土、黏土、沙子、岩石等以及北方常用的兽皮等。这些材料的使用都非常方便获取，当地供应量充足，省去交通运输的不便及费用，就地取材，更与当地的生态面貌相统一。但是当前自然生态环境破坏严重，自然材料供应不足，尤其是混合良田的黏土砖，设计师势必要研究新材料、新技术来表现传统的装饰元素。运用新材料、新技术表现最困扰我们的一个问题是，材料选择问题以及材料与周围环境的协调程度，能否符合建筑的定位与品位，这就要了解新材料的特性，这也是处理好新的装饰、装修材料与制作工艺完美结合以及充分表现传统建筑风貌的关键。

鸟巢的整体框架在形式上是交错的网络空间构架，类似自然界中用树枝编织的鸟巢，结构上是桁架的交错排列，用桁架支撑建筑结构，并且部分承担交通的功能，整个形体是把钢材进行编织、扭曲，全部钢的重量达四万两千吨，据总指挥谭晓春说，总共用30多列火车满载才能运完，这就需要这种无序组织钢结构的背后要用精确计算的建筑力学支撑才能建造起来。在当代力学结构的支撑下，外表皮钢架分24组，其中的制造构体之初到建成之后都成为各界关注的焦点，由于用钢量太多，浪费资源而被十名专家院士联名上书，要求更改建筑方案，最后方案去掉了可开启的屋顶。不管如何在新材料、新技术的支持下，鸟巢最终建成，并成功地举办了2008年北京奥运会，这也是我国建筑设计的一个里程碑。

"水立方"表面密集排列水分子结构图，也是利用当前先进的四氟乙烯材料来表现的，通过挤压形成很薄的薄片用于建筑表皮，水立方的外表皮结构就是充气膜结构。这种材料的薄膜可以制成各种形状与尺寸的形体，省去了建筑中间的支撑结构，并能满足大跨度建筑空间的要求。

传统的徽派民居在选材上以木材与砖瓦等传统材料为主，新建徽派建筑的建筑材料与建筑结构都发生了变化，这也决定了建筑形态的改变。新材料在来源、更新、耐久、环保方面都要优于传统材料，传统的材料在新建筑的运用中受到一定限制，只能作为辅助材料使用，大多用于关键部位起画龙点睛作用，增加建筑空间的亲和力与人情味。现代材料像钢筋混凝土、大理石、花岗岩等现代建筑材料可以用于建筑的主体框架，减少木结构框架对木材的浪费，木材主要用于格栅、隔墙、家具、装饰等部位，也能体现出徽派建筑清新淡雅的江南韵味，同样还能使建筑与自然有机的融合，让现代建筑体现出传统徽州民居的特色风貌。

任何材料不管传统民居建筑材料还是当前高新材料都具有内在的或者外在的特性，包括形态、色彩、纹理及其他的物理特性和化学特性，他们都有自身的艺术语言。建筑选材不在于材料本身的价格，新材料、新技术才能让建筑耳目一新，但是建筑师更应该充分了解材料的各种相关性能与材料的构造工艺与美学表现力等信息，恰如其分地表现材料的各种性能，展现建筑材料的内在潜力和外在美、形式美的结合。在建筑设计中建筑师要充分发挥各自的想象力与创造力，花费更多的时间利用材料的特性做好建筑的细部推敲，并避免因盲目追求奢华空间而出现浪费材料的情况，正确地表达材料的艺术语言，才能创造出装饰恰当、精心设计并能调动观赏者的审美情绪的优秀建筑作品。

### 4.2.2　吸取传统民居装饰元素的细部设计

"天下的难事必作于易，天下的大事必作于细"（老子《道德经·第六十三章》）说明"细"对于任何事情的重要性，从小做起，从细做起。建筑设计方法也无外乎此，传统民居装饰元素也很好地体现了这一点。传统民居装饰元素的细部是建筑的灵魂，作为点睛之笔，它左右着人们对整个建筑的总体评价。细部决定着整个建筑的风格，赋予某些象征性或者关联性，它让建筑空间光彩夺目，震撼心魄，能够深入人心，让欣赏者通过细部的处理与建筑师进行心灵的沟通，展现了建筑师的天赋与理念，"能够把握细部是建筑师成熟的标志"[①]。

当前国内的设计师也开始关注细部设计，国内最先开始细部设计课程的高校便是清华大学，其倡导者是秦佑国先生，他认为当今国内的建筑设计已经失去了传统的手工制作工艺。

---

① 秦佑国. 中国建筑呼唤精致性设计［J］. 建筑学报. 2003（1）：21.

虽然已经进入到工业化制造的现代化工艺阶段，但是中国建筑设计与施工技术水平却仍然停留在手工操作的阶段，建筑的普遍现象是"粗糙，没有细部，不耐看，不能近看，不能细看"①。新材料、新技术的出现，建筑的细部设计由传统的手工技艺转为机械生产，现场手工操作变为工厂加工，生产预制构件装配。机械化施工擅长加工高精度、高要求、高标准的简单几何形体，这是机械化生产的优势，同时为传统民居装饰元素在当代继承发扬提供了有利条件。

2012年的普利茨克奖的获得者王澍在建筑设计方面就非常关注细部设计，他的建筑材料大多为从当地收集起来的材料，在材料方面与当地的环境取得了一致。由此可见，优秀的建筑不在于装饰材料的价格高低，而在于如何巧妙地运用材料和精细设计，即是王澍所见的建筑中运用的廉价瓦、石等材料，在经过他的精心设计后也能充分感觉到材料的质感、性能、肌理效果，表现出传统材料独特的艺术美感与关注材料细部的质感。而在建筑构件方面，他设计的杭州中国美术学院象山校区建筑就是把我们日常生活中常见的窗子风钩进行放大，用作稳定门栅与窗户的构件，它能够适应连续变化的角度。这些固件虽然在尺寸方面要比原型硕大，甚至比例相当夸张，但是在建筑细节处理上，王澍应用了传统民居装饰的元素，找到了传统装饰构体与建筑力学及建筑美学共存在节点（图4-10）。吸取传统民居装饰元素中的细部设计不仅仅是对原构件比例的放大与缩小的运用，还可以吸取装饰元素中随意而恰当的比例关系，如民居中的直棂窗，其简单但是比例构成关系恰当，在有装饰图案的直棂窗中，图案布局主次有序，直线的窗格与自由变化的花朵形态构成对比，用于建筑设计中就是对空间曲直与主次的控制。

笔者认为，传统民居装饰元素中的细部设计，首先是要立足于人性化的设计理念，装饰元素与建筑功能的协调统一，民居装饰的部位与人体触摸、视线观察的尺度相当；

图4-10　中国美术学院象山校区建筑节点
（资料来源：http://www.pritzkerprize.cn）

① 秦佑国. 中国建筑呼唤精致性设计［J］. 建筑学报. 2003（1）：21

其次是手工技术的精细化，机械制造擅长平直、光洁、精确复制的形体，而手工制作在处理复杂的细部装饰元素方面更精细、灵巧和不可简单复制性、独一性，细部内容更生动；其三是美观性，传统民居装饰元素其尺寸与造型可能会有部分的问题，但是它关注元素最后的美观性。这些都是传统民居装饰元素所体现的，既可以是符号，也可以是美感，但是其基本的实用与使用功能存在着，当代的建筑设计也应在这些方面做出努力！

### 4.2.3　与产品设计结合，小批量生产地域化的预制构件

产品设计常被认为是制成品，是能满足人们需求的生产品。作为制成品的工业产品如汽车、手机、各种电子产品等它的生产过程讲究精致化，比大机械化生产的工艺更注重对于细部的雕琢，因此需要传统民居装饰元素与当代的产品设计相结合，可以更好地促进建筑设计精细化的进程，让建筑设计更关注细部设计和材料加工。现代设计讲求简洁，装配过程与制作过程的快速，而传统民居中的许多装饰元素是手工制作，通过榫卯结构连接，某些细节用现代的机器工艺无法简单完成，因此致使装饰元素细节的丢失，致使传统的民居装饰元素慢慢地淡出历史的舞台。建筑师在进行建筑设计的过程中，缺乏将一些建筑细节、材料构造节点的精确思考，更缺乏将其在工厂加工成型的系统考虑，另外许多时候是找不到相关的装饰构件，而采用其他的与传统民居装饰元素无关的构件代替，这些装饰构件可以批量化生产，但是没有显示出民居装饰元素的地域化特征，这些都是我们专业生产的不足。

地域的传统民居是历史名城里传统历史文化街区的基本构成单元，也是传统历史文化各镇、各村的基本组成。传统民居在时代的发展中渐渐地受到关注与积极保护，历史街区及其传统民居建筑受到保护与重视，其中破损的古民居为补缺而新建仿古建筑，这些仿古建筑利用现代的材料、结构、技术真实地再现传统民居，忠实地按照传统民居的形制建造，反映传统民居的主要特征。在北方工业大学校园内建的两座仿古建筑（图4-11），是为古建筑课程教学使用。建筑的形式与传统建筑相似，建筑材料也与传统的民居建筑材料色彩、肌理感相同，建筑的技术用到了传统的榫卯结构，但构件之间的穿

图4-11　北方工业大学仿古建筑
（资料来源：笔者自摄）

插是用气枪加钉子连接固定的。通过对施工师傅访谈，刮腻子的过程还是按照传统民居的建造过程进行的，并且在每道工序都加入了猪血，形成猪血腻子，防止建筑腐蚀。访谈过程还得知，他们所在的公司就是做古建筑修缮与保护的，建筑构件都为公司统一制作。通过图可以看到在屋角有屋脊吻角兽，他们都是有公司专门制作的。由此笔者也想到了这个问题：这座仿古建筑斗栱都是木结构的，而且材料用材较大，但是加工并没有传统民居中的装饰元素制作精细，在有些木结构材料如此珍贵的情况下，当前的仿古建筑倘若利用新材料与新技术，并且加入产品设计的精细化的理念与技术，建成的建筑作品将会是什么样式？一个全面的多角度探索必然会出现多元化的丰富作品，这也有待进一步研究。

国内四地区气候、材料、当代利用方式对比表　　　　　　　表4-2

| 地区 | 气候条件 | 装饰部位 | 雕刻材料 | 图片 | 当代利用方式 | 备注 |
|---|---|---|---|---|---|---|
| 北京民居 | 气候干燥、温差较大、多风沙 | 大门墀头 | 砖雕 | | | 首都博物馆外立面，砖的凹凸排列创造肌理效果 |
| 苏州同里古风园 | 气候湿润、夏季雨水多 | 大门 | 石雕 | | | 苏州博物馆台阶，石材，做造型处理 |
| | | 门、窗 | 木雕 | | | 苏州博物馆木雕及苏丝展示 |
| 湖北恩施利川李氏祠堂 | 气候湿润、森林资源丰富 | 封火墙 | 绘画、浅浮雕 | | － | － |
| | | 门、窗、栏杆 | 石雕、木雕 | | － | － |
| 昆明龙头村117-118号民居 | 气候温差小、四季如春 | 檐口 | 木雕 | | － | － |

（资料来源：笔者自绘）

### 4.2.4　因地制宜　综合运用

前面讲述了传统民居装饰元素在当前建筑设计应用中缺少结合地区文化、环境资源的个性化研究，存在缺乏地区差异性，缺乏对各地区现有资源的充分利用，这就要求各地区根据因地制宜进行具体问题、具体分析，包含各地独特的气候条件、地形地貌、建筑营建的原材料、结构特征、艺术特色。如（表4-2）所分析的四个地区：北京、苏州、恩施利川、昆明因气候条件的不同，民居建筑装饰元素的形式与材料不同，都是就地取材，因材而用。由图表分析，北方的民居建筑装饰元素多为砖雕和石雕为主，很少有色彩渲染，随纬度与气候条件的变化，变为石雕、木雕、砖雕混合的装饰元素，西到利川，因多为山地地形，石材丰富，森林资源丰富，雕刻以木材为主，配合石材，向南转到昆明，气候条件较好，温度适宜，建筑由木构和红土土坯墙建筑为主，因此建筑以木结构为主，类似干阑式建筑，建筑以木雕为主。这些特征要在新建筑中表现出来，就要因地制宜地吸收传统建筑装饰元素的精髓。

对传统民居装饰元素的因地制宜综合运用还可以通过旅游带动，如安徽黟县西递旅游产业的产品（图4-12），传统民居装饰元素中的木雕因雕刻精致、质地与纹理显示出木材的本质本色，并且雕刻的图案内容吉祥，这些产品可以用于室内陈设，能增添室内的艺术气息，并传达收藏者的艺术修养，因此备受爱好室内装饰者购买、收藏。

图4-12　安徽黟县西递旅游产业的产品意识
（资料来源：笔者自摄）

### 小结

本章以前几章为基础，提出了如何吸取传统民居装饰元素为当代借鉴应用，传统民居装饰元素的优良品质需要传承，需要保护，而当代建筑既需要强调自己的个性，又需要与各地的地域环境相适应，吸取传统的精华，不是保守、复古甚至落伍，本书总结了三种方法是通过直接加工转换运用、提取元素有机组合、抽象提炼原理借鉴三种方式的运用，结合新材料、新技术，融合我国各地悠久的历史文化，设计出符合当代社会倡导的节能、低碳、环保并且与环境、地域相符合的现代建筑室内外空间，这些借鉴方法都有各自应用范围与吸取的途径，这些内容将在书中的第5章进行论述。

# 第5章 传统聚落里民居装饰元素运用的案例分析

## 5.1 徽州传统聚落里民居装饰元素运用的案例

徽州传统民居里经典的装饰材料构件，通常情况下多为木雕、砖雕、石雕即"徽州三雕"，但加上竹雕就称为"徽州四雕"。徽州四雕是汉文化精华在徽州的一种体现。始作于唐、宋，发达于明代中叶到清代末期，三、四百年间争奇斗艳。这些立足于地方乡土大地上的材料与成熟的装饰艺术是互相促进发展。"徽州四雕"在民族建筑文化中占有重要位置，其在民居建筑中的运用数量也是非常庞大。徽州四雕的内容与题材广泛，它包罗农耕社会村民百姓日常生活百态以及古代民俗传说、景观植被、花鸟虫草、美好抽象符号等，本书第三章已进行了分类的解析。徽州四雕的形式各式各样，优雅美观，极具文化价值和观赏价值。

徽州四雕以歙县、黟县、婺源县的传统聚落民居建筑里作品构件保存的相对完好，也非常具有有代表性。其应用范围广泛，在传统聚落建筑中用于民居、祠堂、书院、牌坊、楼阁等装饰元素与构件很多，并且做工考究，提升了建筑室内外的空间艺术价值。除用于建筑主体木结构和墙体、门窗洞口装饰构件外，也用于室内装饰、家具及工艺品，包括徽墨、歙砚与笔筒上都有雕刻装饰等。目前徽州地遗存最早的建筑就是徽州区西溪南村的老屋阁和绿绕亭了。[①]据《丰南志》记载，老屋阁是宋朝时村民吴起隆初建，明景泰七年（1456年）重建，建筑中大量使用四雕装饰工艺，可见当时用四雕作民居建筑装饰元素与构件非常多。

徽州四雕装饰工艺起始于唐朝、宋朝，盛于明、清。但因为时间久远，唐、宋时期的四雕装饰构件极少有遗留下来的物品，所以唐、宋时期的特点因没有现实遗存的民居及装饰构件，不好做分析评价。但明、清时期的徽州民居建筑还有遗存，其装饰艺术特点还是相当明显的。明代时期的装饰风格较为大气粗犷，清代时期的装饰风格细腻烦琐。明代雕刻古朴简约，并且以"平雕"和"浅浮雕"居多，主要以线条造型体现雕刻的主要内容。不过分强立体感，偏爱适度与实用的装饰风尚。而清代民居建筑里的装饰雕刻多用"深浮雕"与"圆雕"为主，立体感强，层次分明，有的层次多达8～9层。清代装饰构件里以人物为主题的雕刻生动细腻，或静或动，形态轮廓明确，雕刻中的花鸟鱼虫、梅兰竹菊都显得栩栩如生，是

---

① 程小武、朱光亚. 传承与困惑——徽州三雕调研有感 [J]. 东南文化，2005年02期.

雕刻装饰中宝贵的艺术珍品，非常具有装饰艺术价值和文化审美价值。在徽州四雕中除竹雕外，其他大多用于建筑空间结构与构件中，砖雕用于墙面入口部位，如门楼、门罩及大门两侧的八字墙上。石雕用于抱鼓石、石狮、台阶、石柱础、石水缸、石凳、石椅、漏窗等。木雕用于梁架、窗扇、雀替、撑拱、牛腿、门扇等。四雕中木雕应用最广，可以说只要有木材出现的地方就有木雕的存在。

徽州四雕的工匠传承人大多是以师徒方式延续的，由徒弟拜师傅，师傅通过言传、心传、手教的方式来传授技艺。大多数工匠都是由师傅在真实的民居营建的实践中，循序渐进、由浅入深地接受技艺与品德的传授。师傅会根据徒弟的能力让其做一些力所能及的工作，往往由简单的木雕家具到复杂的雕刻艺术来不断深入实践训练，来达到言传传教的目的。四雕艺人在正式拜师后，大约3~5年可学成。学徒期间一般无报酬，但师傅会提供食宿等基本的学习与生活保障，也有的根据学徒的能力给适当的物品，如衣服等。2015年秋冬季节，笔者调研了休宁县尚德木工学校，这些木工技艺已成为职业培训的重要组成课程，学徒们先和老师傅学习制作简单的方椅子，毕业时要学会打造复杂的有雕刻装饰构件的八仙桌子和成套的椅子。

明、清时期随着社会经济的稳步发展，徽州"四雕"装饰艺术也进入鼎盛时期。清朝后期由于战乱频繁，经济萧条，将徽州四雕作为装饰也越来越少了。民国至新中国成立之间战乱较多，四雕在建筑中的应用就更少了，徽州传统村落几乎没人再大兴土木，四雕艺术也进入消退时期，直到新中国成立后，四雕工艺才得到了一定恢复。但经过"文化大革命"的十年动乱破坏后，四雕工艺几乎受到严重的打击，很多四雕工艺失传，更为严重的是大量的徽州古村落有价值的民居和公共建筑的装饰艺术构件都被当成封资修的毒瘤加以毁坏和灭除。直到"文革"结束后，随着国家对传统文化的重视，四雕工艺才得到恢复。到20世纪80年代，随着乡村旅游产业的发展，大量的古建筑需要修缮。而作为建筑中不可或缺的四雕工艺得到了重生，有的甚至得到了发扬光大。如20世纪80年代，徽州民间传统民居及雕塑的工匠艺人在法兰克福市承建"春华园"，在南京修缮了净觉寺、天宫等古建筑。近年来，随着乡村旅游市场进一步火热，加上被评上世界文化遗产名录的传统古村落宏村、西递以及徽州历史文化街区屯溪老街等大量的古建筑民居的修复，这样一来，徽州的木雕、砖雕、石雕、竹雕等装饰工艺又获得新的发展。

1. 木雕

木雕在徽州四雕装饰里是用材最广，数量最多，工艺最精的雕刻形式。因明、清时期徽州地区生态环境保护良好，盛产木材，加上雕刻工艺的市场需求一直持续不断，所以木雕工艺相当发达。徽州木雕在建筑中主要用于门扇、窗扇、柱头连接件、月梁、雀替、垂花、栏杆等。在室内主要用于各种生活用具，如床榻、桌椅、案台、屏风以及各种生活小用品，如果盘、笔架、博物架等。

徽州木雕及装饰元素与构件的普遍运用，是源于在明、清时期徽商的崛起，他们发家致富后，回到家乡故里置田造房，并用大量的木雕进行装饰，形成独特的徽州民居的木雕装饰体系。徽州木雕是我国最有影响力的装饰体系之一，在木雕艺术中融入了儒、释、道文化，形成具有儒、释、道文化兼容的特色木雕艺术。明代初年，徽州木雕已成规模，风格粗犷，以平面线雕或是浅浮雕为主[①]（图5-1）。明代中叶以后，随着徽商财力的增强，炫耀乡里的意识日益浓厚，木雕艺术也逐渐向精雕细刻过渡，以多层透雕取代平面浅雕成为主流[②]（图5-2）。到了清代木雕艺术及装饰的进一步发展，"深浮雕"已不足为奇，更多的出现"圆雕"等，艺术造型生动美观，层次分明，人物生动，深浮雕也非常普遍（图5-3）。现今，在徽州地区的传统民居里随处可见赋有特色的精美木雕。

徽州木雕题材内容非常广泛，可以归纳为以下几种大的类型，包括"人物类、山水风景、花鸟鱼虫、飞禽走兽、果蔬及琴棋书画及各种几何图案、文字楹联"等。

（1）以人物为主的雕塑类型。包括名人轶事、民间传说、戏曲唱本、宗教文化、社会生活等。像民间习俗与传统题材的有人们常见的"八仙过海"、"观音送子"、"刘备招

图5-1 浅浮雕的木雕
（资料来源：笔者自摄）

图5-2 多层透雕的木雕

图5-3 深浮雕、木雕泾县厚岸的王家祠堂的梁架
（资料来源：笔者自摄）

---

① 百度文库.
② 程小武、朱亚光. 传承与困惑——徽州三雕调研有感［J］. 东南文化，2005年02期.

亲"、"福禄寿"、"岳母刺字"、"民族英雄"、"苏武牧羊"、"闹元宵灯会"、"杨家将"、"戚家军"、"鲤鱼跳龙门"等。

（2）表现劳动人民日常农耕生活形象的，有"童子牧牛"、"农夫耕田"、"砍柴樵夫"、"饲养家禽家畜"、"推车货郎"、"渔夫捕鱼"、"推碾拉磨"以及各种节日、游艺表演、耍灯、舞龙舞狮、花船、跑驴、船夫渡河等民间艺术活动的欢庆场面（图5-4）。木雕中表现的是船夫渡河的场景，木雕中共有

图5-4　人物浮雕，泾县查济、厚岸的民居的起居室的窗扇木雕
（资料来源：笔者自摄）

五个人物，其中一个为船夫，头顶荷叶帽，身穿紫罗裙，手持撑杆，弯腰扭头、上身前倾，作撑船的状态。船夫脚下有一艘小木船。上面屈膝坐着一位渡客，渡客气定神闲，左手扶着头撑于膝上，右手自然垂在腿上。小船有一半藏在岩石后面，岩石纹理顺其自然，宛若天成。岩石上面有斜向长出的树木，枝叶分组成团组，高度概括，疏密有致，刀工精细，每片树叶都清晰可见，非常精美。树木的左上方为垂下来的钟乳石，造型自然生动。钟乳石下面为岩石构成的平台及石阶，平台上有一老翁。手持折扇，身穿长袍，扭头似作交谈状。老翁左边为两位交谈状人物，立于石阶下方的平台上。平台下方为河道里河水，水纹密集而线形流畅，船头和岩石边上均有冲击波浪，木雕里的水势自然，线条动态十足，宛若流动的河道。整个木雕画面构图均匀，人物形象生动，表情丰富。山水自然环境与场景都非常流畅，疏密有致，雕刻的刀工也很娴熟，是一件宛若天成的明、清时期的木雕装饰艺术作品。

（3）以动物、花鸟鱼虫、花卉、树木、室内场景等有诗文为主要内容的装饰雕刻。如龙、凤、狮、虎、鱼、鸡、鸭、鹅、喜鹊、蝙蝠、鹿、寿、石榴、葡萄、花生、琴、棋、书、画、荷花、牡丹、菊花、花瓶钱币等。这些题材的装饰元素的木雕在横梁、月梁、檐条上居多（图5-5）。表现的为室内场景的平面构图的方式，表现的内容为一张桌上放一个花瓶，一只葫芦，在左下角为一方花瓶，内插一束荷花，方瓶寓意为平安，内插荷花寓意为吉祥如意。右上方为一椭圆形花瓶，内插一牡丹，寓意为"花开富贵"场景。左上方为一铜钱内串一丝金线，这是寓意着"财源广进"。

徽州木雕所采用的木料品种很多，同时因工艺复杂、内容广泛、层次较多，所以选用木材大多是软木或是亚硬类木材，如松木、樟木、柏木、杉木等。徽州木雕装饰艺术性很强、内容广泛、题材美观、寓意深刻是徽州木雕能在装饰艺术之林里，保持自身鲜明特色和地位的前提条件，徽州木雕对木材的选择上没有太多的要求，由于徽州木雕所选木材都是亚硬类

图5-5　花鸟鱼虫的装饰雕刻
（资料来源：百度图片）

图5-6　花鸟鱼虫的制作场景
（资料来源：百度图片）

或是软木材料，这就造成徽州木雕的耐久性也不是非常良好。

徽州传统民居里木雕因为大多数都是在亚硬木或是软木上雕刻，所以所用的刀具都大同小异，大体上刀头有"平刀、尖刀、圆刀"等三种类型，平刀用于大面积的剔除或是刻挖。尖刀用于细致的雕刻，根据细致程度不同，刀尖也有不同类型。圆刀用于裁切弧形为主题造形变化，尺寸大小不同的圆刀用于不同的弧形雕刻，徽州木雕大多采用钢刀来雕刻（图5-6）。

徽州传统民居里木雕工艺程序大致分为"备料、放样、粗胚、细雕、修整"等五个重要阶段。木雕艺人在进行木雕时，必须胸有成竹，每雕刻一刀都必须心里有数。而且非常讲究刀法的组合与应用，刀法不同雕刻出来的效果也各不相同，即使刀法相同，轻重快慢不同以及刀锋角度微差，雕刻出来的装饰艺术作品效果也不同。同样的刀法也多种多样，如下入刀、单入刀、双入刀、复刀、拙刀、飞刀、切刀、冲刀、涩刀、轻刀、迟刀等。[①]

现代徽州地区的木雕技艺是继承了明、清时期的装饰元素与构件艺术制作的精华，并继续发展，又吸收了多种多样的相关文化符号元素，同时又采用现代的机械及计算机联网的自动雕刻模式，形式多样。从形式上也不再局限于木雕本身，有的还与版画相结合，有的则是现代抽象的线条速写与木雕艺术相结合（图5-7）。所描绘的是古镇的场景，画面主题为《古镇系列之一》，是速写与木雕相结合表现群体传统建筑的一个作品。现代木雕在生产方面除传统的雕刻方式外，还有部分生产过程采用了机械化流水线的生产方式，便于大规模、高效率的生产制作，但在这个过程中缺少了人工劳动的个性化和工匠自己的创造性，艺术价值和经济价值也大打折扣。更有部分雕塑是由机器模具生产，生产出的木雕作品速度快、数量

---

① 百度文库。

图5-7　线条速写与木雕艺术相结合1
（资料来源：百度图片）

图5-8　线条速写与木雕艺术相结合2
（资料来源：百度图片）

多，就是没有艺术特色，只能做一些装配制造的建筑产品构件，不能称之为本书所称道的建筑装饰艺术作品。

当前随着国家对传统文化与装饰文化艺术的重视，社会各界对传统木雕装饰的认识、保护以及传承都有了新的认识，有的地区由政府出面联合高校和相关专业的师生把木雕艺术进行推广。如2014年12月由中央美术学院和歙县人民政府主办的"徽州记忆·歙县徽派技艺展"在中央美术学院综合展厅开幕。本次展览开设了徽派建筑保护利用、徽墨技艺、歙砚技艺、徽州砖雕技艺、徽州木雕竹雕技艺、新安画派等六大主题展区，共展出实物作品，涉及七个种类的作品，总共有200余件，充分体现了徽州地区以歙县为代表的木雕艺术作品的水平，表现了徽派技艺"地域性、原创性、艺术性和手工艺性"的四大特点。

徽州木雕装饰艺术作品的审美主要从以下几方面讲：

（1）构图合理、布局良好。通常来说，每一件优秀的视觉艺术作品都有一个好的构图，构图是整个作品的第一个重要因素。构图好的作品通常能使观看者第一眼就能被装饰元素组成的内容吸引和打动。好的构图疏密有致，主次分明并且透视感强，在对比中不乏和谐、在统一中不缺少变化。例如图5-7、图5-8是两件完全不同风格的作品，但都能充分体现木雕作品的艺术表现力。图5-7中的木雕是和速写相结合的一种木雕艺术形式。其构图为均衡式，主要建筑摆放在图框的视觉中心，精雕细作，建筑的砖瓦清晰可见，建筑的木框架也准确合理，建筑山墙、博风板及垂花的雕刻工艺也很细致，而处于主体建筑左右两边的建筑属于次要作用的建筑，雕刻精致程度则明显不如主体建筑。图5-8中的木雕是一组以人物为主题的雕塑，整个构图以横向构图为主，却又不失形态构成的变化。人物总体由一个横向的S形贯穿始终。其中最核心的人物放在视觉中心，其余人物在木雕里重要性都不同，所雕刻的大小和精细度也各不同。整个构图中以女主人公为最核心，所以摆放在图框的视觉中心，作为第二重要的人物——男生随从人员则明显小了很多，而且雕刻的精致程度明显降低，一方面体现男人阳光的一面，另一方面对女主人公起着艺术对比作用。作为第三类女性服侍人员则更小，但服装雕刻较细，能深刻地体现女性的阴柔之美。而背景以松柏、牡丹为建筑元素构成。整个构图繁简得当，高低错落，统一中求变化，对比中求和谐。整体构图和谐统一，主次分明是这一件构图中的立意。整个雕塑构思完整是木雕中灵魂所在，一幅好的木雕或是截取一个完整故事的片段或是表达一个美好的意愿，但都能自圆其说，良好的布局较完整表达木雕的中心思想。

（2）雕刻精美，内容丰富。徽州民居里木雕装饰雕刻十分精美，一幅浮雕构件作品通常有七至八层，有的甚至多达十几层。雕刻精美更多的是深浮雕和圆雕方面。一幅木雕中的雕刻内容往往包含人物、山水、树木、建筑、动物、花鸟鱼虫等装饰题材。木雕装饰内容生动，错落有致，层次分明，充分体现徽州木雕精美的特质。如著名的《二十四孝图》、《八仙图》等。黟县卢村志诚堂的木雕作品精美，不仅雕刻精美，而且总体雕刻数量非常大，建筑中门窗、梁、眉板、胸板、腰板、檐、裙板上均有精美的雕刻。

图5-9为格扇门上部格心的雕花，格心为对称式云纹，云纹内雕各式各样的图案，云纹竖向中轴处为三个核心图案，以中间方形为主图案，内部雕刻人物图案，人物前有配景及假山，方形图案四角为圆形"角子"，上下为圆开"云子"。方形图案上下为两圆形图案，以方形为中轴上下对称，圆形图案内设水平纹样，水平纹样上设宝瓶一枚，下设云纹。图5-10为垂花柱左右雀替，为回云纹内缠植物藤条图案。垂花柱下设方形纹理，图案周圈为云形纹理，内雕一人一树。上述木雕内容丰富、线条流畅，雕刻精细，图案优美，内容生动丰富。

（3）原木本色，形式多样。徽州民居里装饰木雕善于利用原材料本色纹理，在徽州木雕中除楹联外，极少见到有上色的木雕。

一方面是因为徽州多雨潮湿，不适合上漆。徽州气候属亚热带季风气候。地处中亚热带北缘，一年四季是阴雨天多，云雾天多，接近海洋性气候，夏季气温最高27℃，冬季最低气温22℃，年平均降雨日数为183天左右。由此可见，徽州木雕不适合上漆。另一方面是要归功于

图5-9　垂花柱左右雀替
（资料来源：百度图片）

图5-10　格扇门上部格心的雕花
（资料来源：百度图片）

图5-11　西湖十景的边框装饰之一
（资料来源：百度图片）

图5-12　西湖十景的边框装饰之二
（资料来源：百度图片）

徽州木雕的工艺师傅在长期的雕刻中有对木材特性认真细致把握，徽州木雕非常善于处理和利用木材的木色及纹理。徽州木雕对选材上不是十分刻意，基本上能见到的木材都可以作为木雕的原材料。徽州木雕大多不施油漆，靠木材自身的纹理图案加以表现，体现木雕的艺术价值。强化徽州木雕的装饰性是一种常用的手段，就是将两种或以上的木材进行有效的组合，如主雕塑是一种材质，花叶为另一种木材，或是一种木雕上配以另一种木材的边框（图5-11、图5-12）。具有代表性的木雕为黟县南屏村某民居冰凌阁绦环板上的《西湖十景》及边框装饰。《西湖十景》利用优质细纹木材原色板作为绦环板，板上雕西湖美景。再用纹理较粗，肌理鲜明的深色木板作装饰边框。形式是指某物的样子和构造，区别于该物构成的材料，即为事物的外形。徽州木雕的雕刻形式多种多样，从雕刻工艺来说有平板线刻、凹刻、浅浮雕、深浮雕、圆雕、透雕等。其用处一般是：隔扇裙板、腰板、窗栏板上的人物、花鸟、场景、风景等，画面多用线浮雕或是深浮雕；月梁、驼峰、斗栱、雀替、柱托上的象鼻、狮头、倒爬狮、盘龙、莲花、云朵等形象多用圆雕或半圆雕。①徽州民居里木雕的雕刻工艺形式也是多样化的。从表现形式上来说有的粗放、有的精细；从复杂程度来说有的简约、有的繁杂。从表达方式来说有的追求写意效果，有的追求写实效果。从内容来说有的雕刻主题是人物故事；有的是花鸟鱼虫；有的是风景；有的是寓意图案。总之，徽州民居里装饰木雕发起于唐宋、辉煌于明清、衰败于民国、恢复于新中国成立、毁坏于"文革"、重生于近30多年来经济改革与文化复兴的时期。徽州民居里装饰木雕不论是艺术形式还是雕刻装饰艺术都是中华民族的重要瑰宝。

2．砖雕

徽州民居里装饰砖雕在徽州四雕中其使用数量、艺术价值、重要程度都仅次于木雕装饰，尤其是黟县、歙县等地盛产青灰砖。青灰砖选用河道转弯处多年沉淀的细土或田野中的沉积黏土，筛净、淘洗、制胚、阴干、烧制加水冷却后制成青砖。再把青砖切边后就

---

① 罗子婷. 徽州. 木雕的艺术形式与审美品格［J］. 创意与设计，2010（3）.

图5-13 汪口某民居的入口门罩砖雕1
（资料来源：笔者自摄）

图5-14 汪口某民居的入口门罩砖雕2
（资料来源：笔者自摄）

可以雕刻了，雕刻后形成的建筑装饰，用于门楼、门套、门楣、照壁等地（图5-13、图5-14）。施用砖雕后的建筑显得典雅、大方、庄重，是徽派建筑区别其他地域的聚落民居建筑特征之一。

徽州民居里装饰砖雕的内容广泛，和木雕一样也包含人物、山水、花鸟、走兽、文字等。以人物为主的题材，内容包括宗教传说、戏曲内容、民间传说、吉祥如意的思想等。以动物为题材的有虎、象、犬、猴、鹤、牛、马、龙等。以花鸟鱼虫为题材的有梅、兰、竹、菊、石榴、枇杷、桃树、荔枝等。以民间吉祥纹样为题材的有"博古、如意、暗八仙、吉祥文字"等。以文字为题材的大多为诗词歌赋，书法有草书、行书、篆书、隶书等。

徽州民居里装饰砖雕所使用的雕刻工具与徽州木雕大体相同只是材质不同。徽州砖雕所采用雕刀多为钨钢制成的合金钢，由于钨钢硬度更大、韧性更强、耐久更不易磨损。徽州砖雕雕刻的类型与木雕大体相同，分深浮雕、浅浮雕、透雕、圆雕等。

徽州民居里装饰砖雕富含深远的价值与意义。徽州砖雕有极高的艺术价值。徽州砖雕内容丰富、雕刻精美、题材鲜明，具有深远的装饰艺术价值。图5-15砖雕中人物生动，老者头戴官帽，身穿官服，居中的是整副砖雕的核心及视觉中心，老者神态安详，身体后倾，一副大方视察的形态。左边为一男士，体态健硕，方头大耳如弥勒佛一般，头

图5-15 徽州砖雕之一

图5-16　徽州砖雕之二　　　　　　　　　图5-17　徽州砖雕之三

盘发髻身，面部表情稍有笑意。老者后方为一女士，身体右倾，透过老都向前看。三人居于阁楼之上，上卷一幔帐，幔帐上挂四灯笼，灯笼体量不大，灯笼上方为建筑屋面及瓦片。整副砖雕里的人物生动、活灵活现。雕刻精细，线条流畅，刀工非常精湛，是徽州民居里装饰砖雕中的一件珍品。图5-16也是一组人物，砖雕中人物性情各异，主次分明，各人的动态十足，配景丰富，前后关系也非常明确，同样是徽州砖雕中一件不可多得的精品，徽州民居里装饰砖雕由于艺术性强，是各类艺术创作的源泉和灵感之一（图5-17）。

3. 石雕

徽州民居里装饰石雕是徽州四雕之一。主要用于抱鼓石、廊柱、门墙、台阶、牌坊及柱础、石质漏窗，徽州大户人家的石凳、石椅，还有石质碾磨等。徽州石雕由于受材质限制，就雕刻的形式上不如木雕和砖雕多，大多为浅浮雕、圆雕。徽州石雕内容为动植物形态为多，博古纹样和书法、人物等见。徽州石质石雕的石材取材来源大多数一是黟县的青石，二是茶园石，这种石材制作的石雕的色泽也是非常具有艺术性。

4. 竹雕

徽州民居里装饰竹雕与徽州木雕、徽州砖雕、石雕并称徽州四雕。徽州很多的山地丘陵地区都盛产毛竹，这些竹雕的竹子一般以徽州毛竹为原料，因材施雕。雕刻形式有线刻、浅浮雕、深浮雕等。竹雕雕刻的题材内容有社会习俗、民间传说、山川河流、神话故事、书法、花鸟鱼虫等。

徽州竹雕主要构件和产品与工艺品，用于室内摆设、装饰、屏风、花瓶、牙签盒、烟灰盒、茶叶筒、笔筒、筷筒、楹联、餐具等（图5-18、图5-19）。

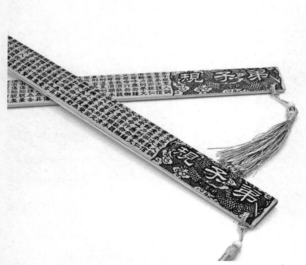

图5-18　徽州竹雕之一

图5-19　徽州竹雕之二

## 5.2　少数民族聚落里民居装饰元素运用的案例

### 纳西族聚落里民居装饰元素运用及美学价值观

少数民族建筑是中国建筑之瑰宝，是少数民族的民众们在自然环境中经过长期劳作与自然和谐共生的生活场所，以此营造出了适宜的人居建筑环境。"器以载道"，少数民族村落建筑的装饰作品及美学特征也需附加建筑实体来表现，因此研究建筑装饰作品的美学价值特征需研究生态及生产、生活环境，挖掘少数民族最典型的民族符号，进行保护继承和发展。

云南地区复杂多样的气候环境、地形环境与人文环境等酝酿了丰富多彩的民居形态。追源溯流，纳西族属于氐羌族系统，汉藏语系藏缅语族，主要分布于以丽江古城为文化中心的地域范围之内。在各种各样的民族环境中，民族信仰不同，民族装饰元素以及构件的审美也有差距，民族文化也有差异性，纳西族主要以信仰东巴教为主。在长期的生产、生活实践中，纳西族人在建筑空间营建中形成自己独特的建筑形态，本章节将从村落建筑生态环境、建筑及装饰以及人文艺术的角度综合分析其建筑及建筑装饰元素以及构件的美学价值特征。

1. 美学价值特征分析

对于美学特征的研究，早在公元1世纪初，欧洲古代著名建筑师维特鲁威就提出"坚固、实用、美观"建筑三原则。少数民族村落建筑及建筑装饰元素及构件的美学价值多指少数民族建筑与自然环境在相互关系中，良好的生态环境系统既能满足村民在建筑环境空间中的生存、生产需求，同时在一定程度上能给村民带来一定的文化享受与精神愉悦以及精神寄托，甚至为村民创造一定的经济效益。著名哲学家李泽厚认为，"艺术无论如何总是我们整个美学科学研究的主要目的和对象"，因此建筑生态环境、建筑生产环境及建筑生活环境都是少数民族建筑美学研究的主要对象。

2. 村落生态环境美

1）崇尚自然之美

纳西族因属于亚热带季风性气候，降水充沛，加之村民的日常生活离不开水，水成为纳西族村落的主线，既为排洪也为家庭用水方便，人工或者天然原因形成大小不一的水流系统，这体现了纳西族族村落崇尚自然之美。同时，作为审美主体的村民在长期的劳作中也形成对自然美的自然保护意识和审美意识。当然，纳西族民族村落的自然环境有些地方看起来相对比较贫瘠，但是，正是在很多资源比较少且艰苦的环境里，族群长期劳作，自给自足，丰衣足食，生产出供自己以及后代所必需的物质产品。在这个过程中，可以看到民众们适应自然，超越贫穷的坚韧的生存意识，呈现出"自然生命美学"之道。

2）生态环境美

纳西族多居住于山间坝区，村落择阳选址，聚落以靠山为主。村落与远山相对应，山上茂密的森林是村落的背景，聚落与周边环境相互融合，互成一体，形成自然和谐的山水画，丽江的玉龙雪山（图5-20），是纳西族人的深山，千百年来，纳西人尊奉自然神山，其民族生存也依靠其生态环境的滋养，如雪山上下来的雪水。同时，田园环绕于村落周围，建筑与环境之间形成良好的视觉通廊，以便于照看各自的田园。这种生态环境美，是人们为生存形成的一种由无意识到有意识的营造手段，是一种自然与人的生存环境初步结合的过程。

少数民族村落受交通区位的影响，交通极为不便，人们的生产模式还是以农业生产为主，取之自然，服务于自然，这种农业生产受长期的刀耕火种的农业生态文明的影响，因此形成良好的植物群落、动物群落生态环境。同时它受当代快速发展的工业文明负面破坏及影响较小，保持着较为原始的生态环境。在当今很多大、中城市正面临着城市化的扩张发展困境时，城市特色在消失，传统的村落及城市面貌不复存在，而像纳西族这样的生态环境保持较好的民族村落正成为人们向往的"天堂"。

图5-20 玉龙雪山

以丽江古城为代表的纳西族，位于丽江

坝子中央，四周群山环抱，植被茂盛，水系串联整个村落，融天时、地利、人和为一体。人们崇尚自然，村落建筑高低错落，纵横交替，仿佛仿照山的轮廓布局。人工肌理的村落和自然的山水植被等环境相辅相成，相得益彰，体现纳西族村落环境的生态之美。目前，丽江古城成为人们向往的旅游胜地，享受古城朴实自然、宁静优雅的生活环境，享受古城良好舒适的气候条件与文化气息，这里是一个"世外桃源"，是当代城市建设与发展，建设美好人居生态环境的发展模式和路径的极好参照。

3．村落建筑及装饰美

1）建筑群体空间美

村落相对于整个自然环境是作为一个相对独立体存在的而村落内部各部分之间又相互联系且各自有机发展。

纵览整个纳西族的村落空间及民居建筑，尤其是丽江大研古镇被穿巷而过的水系分割成小块，道路和水系曲曲折折穿梭于村落中间，而街巷和水系又把纳西族整个村落连接在一起。村落的主要集聚空间是集市，它既是贸易场所，又是公共娱乐活动的主要场所。村落在开与合之间不断转换，这种点、线、面的布局方式，增加了纳西族村落内部空间的丰富性，烘托了建筑空间不同组合形态的序列美。

小面积空间的分割，既有利于每家每户都能有方便的水源利用，同时也可以调节局部的微气候，使村落在夏季同样可以湿润凉爽，另外，各居民之间在有联系的同时保持一定距离，不易被彼此之间打扰。这种纯自然的群体分布形式，是重新规划或新建纳西族村落时重要的参考依据。

纳西族村落因位于山地中间，村落建筑随自然环境有机布局，建筑空间布局不任意破坏自然环境，顺应地形地貌而灵活多变，同时，建筑空间的利用自然有利的朝向、通风、采光良好，整个村落的形态方式完全自由、活跃，步行在这种变换多样的空间中可体会到纳西族生产环境的多样性。纳西族的建筑形体尺度小而适宜居住，院落空间多为合院式布局，在形式上讲究"三坊一照壁（图5-21），四合五天井"，在外部相对封闭的空间中形成开敞舒适的庭院空间，并且纳西族人喜欢种植各种植物，绿化庭院，同时

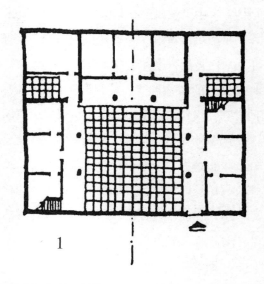

图5-21　三坊一照壁

加上水系穿梭于各家各户之间，故有"家家泉水，户户花香"之美誉。

2）建筑材质美

少数民族建筑的材料多来源于本乡本土，低价易取，很少使用昂贵材料建造，如石材、夯土、木材等，并且在村落中间，不同的地理环境中有各自的主要建筑材料及适应气候的空间组织。这些材料受自然阳光雨露的滋润，岁月的磨砺和绿水青山的涵养，变得沉稳和整体和谐，它们与此片土地相互共生，在地域空间文化里写上浓重的印记，建筑材料的质感、色彩、纹理等也都打上了岁月和地域的烙印。

纳西族主要使用木材、五花石、当地泥土等建筑材料，是各种肌理材料的综合。根据材料特性，通常是从下到上；用石块筑台，圆木作构架，底层围护体多用木栅或竹材、楼层用板壁封墙，青瓦屋面。材料由粗而细，由重而轻，由自然而人工，变化自然，有轻巧而稳定之感。通过材料本身的质感，色泽，感受纳西族心灵深处的淳朴与热情，追求建筑材质自然组合之美。

3）建筑装饰作品艺术美

建筑的美依附于实体，建筑装饰作品美更是需要依附于建筑实体以及建筑构件之上，起着美化建筑、寄托情感的作用，深刻挖掘装饰元素及装饰艺术美，既可以了解建筑的历史，又可以清楚建筑的品位。装饰的作用首先要满足建筑的功能性，另外就是满足人们的审美需求，通过各种手法，如民族建筑装饰的文字、图案的直接运用，材质的不断变换，图案的抽象变形等手段把现实的与想象的东西用于艺术创作之中，变为艺术装饰品。

纳西族的屋顶形式是悬山顶，建筑悬挑较深，深远的出挑在白色的山墙上留下深厚的阴影，加上檐下红色的模板围护墙和屋顶两侧红色的博风板以及青砖墙体，简单朴素的用色，几种色调的调和对照，突出了建筑的古朴、大方与轻巧活泼。

门楼作为建筑的主入口，是建筑装饰的重点部分。飞翘的翼角，檐下斗栱或木质泥塑，使得纳西族的门楼华丽多彩，气势非凡。纳西族的天井作为整个平面构图的中心，天井近似方形，铺设图案多为当地低价易得的卵石、块石等，其图案具有向心性并蕴含民族故事的象征意义（图5-22）。纳西族民居最为精细的细木作是隔扇，其构图匀称，透雕、漏雕技艺高超，图案生动别致，我们不难发现这些艺术美的背后蕴含着传统民俗意境和人文意义。

4. 村落人文艺术美

包含了民族人文美、民族风情美、民族歌舞美。

1）民族人文美

中国各地的少数民族族群仍然保留了自己独特的文化基因，民众纯朴、善良、歌舞才艺

图5-22　天井及铺地

精湛且多愁善感。语言文化习俗也丰富多样，散发着朴实的地域人文文化之美，多样的节庆仪式，服装、工艺品都综合体现了这种人文之美。

2）民族风情美

风俗即是展示地域民族的岁月沉淀的风俗，多有淳朴、善良的真挚习惯。民情是少数民族民众的幸福情感，像纳西族的"阿哩哩"、"呀哈哩"，作为今天人们广为流传的歌舞，轻快愉悦的曲调，反映着人们新的精神面貌。

3）民族歌舞美

在地域民族山水文化的滋养下，他们将自然的情感多用民族歌舞的形体造型语言和美妙动听的歌喉展示出来，并且很多歌曲也承载了自己民族千百年的历史文化。丽江纳西族老人宣科被称为"丽江鬼才"，他作为丽江纳西民族文化传承的代表，组织的民族歌舞团每次演出都能爆满，许多去听丽江古乐的人，一半是冲着宣科去的，他那煽情、张扬的解说，宣传着纳西的文明与历史，成为丽江旅游的重要节目，他们也曾经到维也纳的金色大厅演出，真正地使民族音乐歌舞走向了世界。

歌舞中少男少女们的服装也展现了他们民族的造型视觉审美的爱好，渗透着他们的价值取向。纳西族的崇尚黑白，其妇女的服装被称为"披星戴月"（图5-23），这两个极端的颜

色在纳西族妇女们七星披肩中巧妙地表现出来，取
得了一种和谐之美。

研究纳西族村落建筑美学的主要目的是为保护
纳西族的民族建筑，研究其美的特征，使规划师、
建筑师在下一步的工作中有一定的参考作用，能够
抓住纳西族最主要的代表性符号。

纳西族重视村落生态环境、注重水系在生活生
产中的作用，讲究建筑与自然、地形的结合、懂得
村落空间、建筑空间的开敞与闭合关系，材质的自
然运用等，充分表现了村落建筑同自然生态环境、
建筑与装饰以及人文艺术等方面都具有长久的营造
美学价值，这是长久的积累与发展的结果，都是纳
西族的代表性美学价值特征。

图5-23　"披星戴月"

## 5.3　藏族民居建筑装饰元素运用及建筑美学价值

### 5.3.1　建筑及装饰艺术核心元素

布达拉宫在吐蕃时所建的藏王宫殿，演化为后世达赖喇嘛驻锡的宫院，不仅继承了吐蕃
的建筑传统，而且也吸取了佛殿的建筑艺术，呈现恬静、高雅、旖旎、祥和等特色。它是一
座堡垒式的宫殿寺院建筑。这种特色，不仅借鉴过印度佛教建筑的某些经验，而且也吸取了
中原汉族宗教建筑的某些精华，而这完全是"借别家的火来煮自己的肉"，形成完全是藏式
风格宫殿寺院。

青藏高原宜于生活的土地很少，节约最基础的资源——土地，具有特殊重要的意义。藏
族住宅在争取空间方面主要是增加建筑层数和扩大楼层面积、利用屋顶，形成"楼式民居"
这一主要特色。

佛在诸神中对藏族民居的影响是最大的。在村落中，在空间序列上，往往一进寨就会迎
面看见寨门或是道路两边或是左右的山坡上插满了经幡、经旗，最后在寨尾的山坡或半山坡
上也插满了经幡，这就使藏寨拥有一种有别于其他民族的强烈的宗教文化气氛（图5-24）。
村落中往往在中心道路的某处设立小小的佛堂。家家户户不管贫富，必在自己家中设立专门
的经堂，藏族的经堂是一个完整的室内空间，它是整个宅第中装饰最华丽之处，经堂旁的房
屋常设为喇嘛卧室，同是住宅中最庄严、神圣的地方。

1．建筑单体（门窗装饰）及材料美

藏族是一个爱美也善于表现美的民族，因而对于居所的装饰也十分讲究。在形式上讲究工整、华丽、亮堂，上至天花板下至与地板相接的墙角都采用雕刻、彩绘等艺术手段加以装点。在室内色彩的搭配与对比上，充分利用各种色彩所带给人不同主观感受的同时，不排斥固有色，但也不简单地照搬，而是采用夸张变形的手段，使其符合主观要求，符合藏族的审美意蕴与审美理想。蓝

图5-24　藏族村寨的经幡
（资料来源：百度图片）

天、白云、雪山、草地、鲜花、树林在高原强光下呈现的固有色色相，具有浓厚的高原特点，高度夸张的红色、绿色、黄色、蓝色等高纯度夸张的色彩，使得室内环境对比强烈，风格粗犷豪放，给人以强烈的视觉冲击力。如大昭寺中心大殿建筑室内的装饰主要表现在柱子、柱头、托木、檐椽、门框、门楣等木构件上，这些地方绘制和雕刻花叶、云气、飞天、动物、人物以及几何图案，把整个殿堂变成彩绘和木雕艺术世界，这些作品制作精细，造型别致，令人叹为观止。

2．室外装饰

藏族民居最明显的区别标志之一，就是室外房顶上竖立高大的挂有白布条的木杆。被称为"隆达"（藏语）的布条上，印着经文，在风中飘扬，传达屋宅主人美好吉祥的祈愿。此外，大门装饰十分讲究，从屋檐到门槛都雕绘的非常雅致。屋檐用两道木间隔排列，上盖青石片和黄土，筑成底小头大的形状，它不仅有美观的装饰效果，而且起到防水作用。屋檐下是门楣，门楣上彩绘各种图案，包括布条经文、宗教图案等，这种图案处理形式在大部分民居大门大同小异。门板为双单两种开式，其中有些家庭单开式，有些家庭双开式。门板一般涂单一色，不作绘画处理。

1）碉楼

为了节省土地、减少散热，藏族建筑不是水平生长的体系，而是具备竖向生长、立方体特点的楼式平顶体系；为了抵御强风及社会矛盾冲击，藏族建筑有着厚石墙、小窗，较封闭的碉式外表。加上有抗震作用的外墙收分，建筑具有坚毅、庄重、永恒、朴实的性格及强烈的古典美感。

藏族碉房节约用地，注重利用空间。贵族住宅也不嫌麻烦，向上发展楼式建筑。结构大多内用木柱、木梁架承重，外用墙壁承重。墙身有收分，屋面平顶，门窗小，外观封闭、结实。

2）装饰

青藏高原是一个本身具有强烈对比的世界，强光与黑影、晴朗的蓝天与乌云雷电（青藏高原是雷电灾害多发区）、柔和细致的植物与山崖沙砾……藏族人民生活在这样的环境中，形成喜欢强烈对比色彩的爱好：白与黑，红与绿等。

藏族建筑因屋顶朴实，注重门、窗部位的装饰，并且强调檐部的水平带。与汉式建筑屋顶多变、注重梁柱体系的外装饰作用相比，形体感强，而且简洁有力。

（1）院墙色带

西藏民居院墙一般为土、石本色或白色，但萨迦县城周围的民居则周身涂上深蓝灰色，墙檐涂有白色条带，每一建筑都有几处在这白色的条带上涂上红色和深蓝灰色的色带，两者之间为空白色；在建筑转角处、较宽的墙面上，还自上而下地用土红色和白色画出色带。这是标识意味着这一地区所信仰的是喇嘛教中的萨迦派，三种颜色分别代表文殊菩萨、观音菩萨、金刚手。这种"暴露框架"的外表，使整个县城形成深蓝底色，白色、土红格子状肌理，在西藏都独树一帜。因萨迦派曾在元代为"政教合一"的西藏统治者，可以推想，元代西藏建筑普遍有此外观，并影响蒙古族建筑。这种表达宗教派别的建筑装饰形式，在某些地区表现为在白色的院墙上以黑色、土红色在房子四周、墙檐下画出平行的色带。还有的地方，只在墙檐下画一条黑色色带，再在色带下、墙中间或窗上面画与它垂直的一尺长的黑色、土红色色带。

（2）布条

藏族民居的房顶上一般都插着挂有蓝、白、红、黄、绿五色布条的树枝，蓝色表示天，白色代表云，红、黄、绿分别象征火、土、水，以此传达吉祥的愿望。这些旗状布块，与门、窗口随风飘动的帘、幔一起形成生气勃勃的景象。藏族民居拥有一些可飘动帘、五色布等，是不同于汉族民居的外观特点之一。

（3）门窗饰

"巴苏"：窗、门上方的梯形挡雨篷。"八卡"：窗框两侧从"巴苏"下缘到窗框下部的梯形黑色带。门顶端一般是塔形门墙，上方中间设有门神挂像盒，下方横木部分，从上至下依次为狮头梁、挑梁面扳、挑梁、椽木面板、椽木五层重叠而成的装饰部分。

日喀则地区定日县民居门的装饰较独特，门楣上方都砌有一个塔形装饰体，下部和院墙的墙檐相接，最顶上放一块白色卵石，如同一个塔尖。塔形体的左右两侧分别涂有土红色和黑色的色块，两色相交的中间和门楣上方均留空一条白条。门的两侧及门楣上方均涂有一尺宽的黑色条带，整个门如同一座造型粗犷的佛塔。

门全部刷成黑色，上方的中间用白色画月亮，用土红色画太阳。

3）门窗

窗是装饰的重点部位，仿佛是整座建筑的眼睛。过梁和椽子上的彩绘色彩绚丽，非常精美，常见的都是些吉祥图案，如花草、祥云等。藏式门窗的最大特点是门窗洞口外面的左右及下边，涂有黑色梯形门窗套，在门窗洞口上做小雨篷。次要的门窗洞口如牲畜院的入口或厕所的门窗，上面挑出一排短椽，其宽度左右各超出约30cm，在挑出的椽子上置木板或片石，再覆土做成防水雨篷。位置比较重要的门窗洞口上挑出两重短椽，总出挑约出窗檐构造有50cm，经济条件较好的也有三层椽子的。这个小雨篷虽然出挑不大，但非常科学，夏日太阳高度角较大，窗檐利用向下的坡度，遮蔽高原上强烈的日晒，使其只能达到窗台，窗内空间则处于窗檐的阴影中，室内温度不至于因为曝晒而急剧升高；而冬日太阳高度角较小，阳光能满窗照射进室内，提高室内温度（图5-25）。

图5-25　拉萨地区民居门窗的装饰

4）"鲁扎"

设在储藏室内的供奉形式，在墙角的上方支一块木板，上面供奉牛角和盛有粮食、绸缎、金银珠宝的陶罐，其上放置青稞，木板的下面贴吉祥图案的画，以此祈求丰收、吉祥，表示富有。

5）燃料

将牛粪做成饼状或牛粪砖，有规律地放在墙壁上，既起了晾干的作用，又减少了室内储藏的空间，为单调的土墙增加了对比的色彩。将树枝、荆棘、木柴放在女儿墙的上边，同样可起到晾干、减少储藏空间的作用，还可以减少雨水对土坯墙体的冲击，又为严整封闭的碉房增添了生机与活力，大量的树枝几乎把碉房变成大自然的一部分（图5-26）。

图5-26　拉萨某寺庙的内部装饰

6）室内用色

较讲究的民居，室内墙面有上下两种颜色组成，两色之间用红、黄、蓝画出一道美丽的色带，墙顶端画上三色幔文，用宝珠图案串接。佛堂柱子涂成鲜红色，柱头、木梁用蓝色作底，在上面画传统图案。对于灶房黑色的墙壁，在上方以雪白的"糌粑粉"涂绘吉祥图案，这样既表达了心愿，又美化了墙面。米亚罗地区的藏族民居外立面的装饰如在墙的转角处，在窗的外沿，在建筑的左右两侧立面用白石灰画上巨大的装饰符号，此符号就是家宅神的代表，保佑人与住宅的安康。在藏区无论大小部落或村落都有自己的神山，神山在藏民的意识中具有非常神圣的位置，它是藏民们的现世护佑之神，俗称"域拉"。米亚罗地区的藏族民居往往是在顶层的晒台旁边，在经堂的对面设立一个专门拜神的焚烟孔，上有烟道贯通墙顶，且高出墙顶30cm左右，在侧立面的墙端尽头形成一个小起伏，起到视觉收尾的效果。

### 5.3.2　室内生活空间与装饰品

藏族住宅的室内布置与装修，一般主次分明、重点突出。普通百姓室内常不施粉刷，但有个别的经堂作雕刻装饰。富人家的经堂，还作油漆、彩画，偏于华丽而清幽。主室较为朴素。由于天气寒冷、干燥，除短期的夏天外，经常需要在室内生火取暖，因此他们所住的房间，是卧室兼厨房，特别宽大，一家合住一室，在炉灶或火塘内，日夜有火，以便取暖、煮食，只有家中喇嘛和客人才住在经堂或另一房里。华北平原百姓住房，常常厅、卧、厨合一，也是为了取暖的原因。各室较阴暗。在传统的生活条件下，窗的功能有限，避风与采光难以万全。

1）神的空间——经堂

经堂是藏族住宅都有的供佛设施一般在顶层后端一侧或二层后部，宽大华丽，庄严整洁。后墙安装木制佛完，类似壁架，供奉小菩萨像；完台下部分为壁柜。两侧墙面也满装壁橱，存放经卷等。土司官寨和喇嘛上层的住宅中，经常有高贯二至三层楼的大佛殿，在墙壁、门窗、柱杨等上面满饰彩画等。在宗教信仰者心中，宗教仪式场所寄托着理想，例如对天国、乐土的向往，而广大、崇高、华丽、庄严、圣洁等往往是他们所能想象的，喇嘛教也不例外。竖向分区中，"上"相当于水平分区的"中"，等级最高，所以经堂常放在顶层。另外，顶层晒坝无屋顶，经堂前视野开阔，远处群山巍峨，头上蓝天白云，心旷神怡。

2）人的空间——主室

主室是功能最重要的空间，其中有生活、睡眠、饮食等所需的炉灶、床、壁橱、桌、火盆等，布置安放有一定的格局。很多主室有两个朝向靠外墙：南或东、西。主室没有轴线，家具不对称布置，藏族严格的等级制度并没有转化成室内布置形式，一般从功能出发。

米亚罗藏民居的主室平面一般是长方形，火塘与火炉基本设置在中心。火塘四周以石条围之，中设"锅庄"，有些火塘上方设有吊架，一般离火塘较高。因为此地的藏民一般围着火塘坐卧。所以，床榻矮凳之类的家具甚少，主室中仅有藏柜与矮桌。藏柜的形态很简洁，上面沥粉贴金，装饰得很华丽，矮桌的形态也很简单，仅在局部的花饰上显出藏族特色。卧室的立式衣柜，其形式与汉式的相仿，只是具体的装饰仍体现藏式特色。当地人告诉笔者，他们的家具都是汉藏结合，就连阁楼上的坡屋顶也是汉式的。从这一点就可以看出，文化都是相互交融的结果，自古就没有纯粹封闭的本土文化能长久得了的。

### 5.3.3 建筑材料美

西藏地区盛产土、石，而木材较少。山区建筑多石墙，河谷平地多土墙。由于很少对材料进行细加工，改变其性状，因此建筑仿佛从大地中生长出来，外观与自然景观浑然天成，形成粗犷质朴的风格气质。

（1）木材及装饰

西藏的碉房建筑基本为土木或石木结构，属于内框架结构，外墙为承重的土墙或石墙；木板屋为木框架结构。其室内结构都是通过用木柱顶大梁，梁上放椽木的方式展开室内空间。有句藏族谚语"没有木头，支不起房子；没有邻居，过不好日子"，说明木材对于传统藏族建筑的重要。

除了具有作为支承结构的良好力学性能外，木材还有易于上色、易于雕刻的特点，所以也是装饰的重点部位。藏式梁柱、门窗往往经过彩绘雕刻，色彩缤纷。为了保护外门、外窗的彩绘免受太阳辐射的炙烤和风吹雨淋，门媚、窗媚上均要悬挂"香布"，如今已用镂空图案的铝合金薄片替代。

（2）石材及装饰

由于缺乏能源，西藏几乎见不到烧制砖块砌筑的建筑，多直接利用石块砌筑墙体。石墙的砌筑方法是一层大石块、一层小石片的分层砌筑。大石块的重量以一人能背运的重量为限，约20～30kg，极少数的踏步石条，由数人扛运；厚约2～3cm的小石片用来塞砸挤紧在上下两层大石块之间的缝隙，这是因为仅经过粗加工的石块表面凹凸不平，形状很不规则，石缝中塞以片石，可起找平作用。藏族谚语"与狡猾者合好，犹如圆石塞墙"，从反面说明了石片在砌墙中起到的稳定作用。

（3）生土及装饰

对于缺乏石头的地区，利用生土做成夯土墙或土坯墙，既经济便宜，又保温隔热。土坯的制作先和好含有一定泥、砂石的泥土，在木模内制作成型，脱模风干即成。砌筑时一般一顺一丁，注意上下错缝搭接。为了防潮，一般土坯墙下都有一两层石砌墙脚，也有将石砌至窗台以下，以上才用土坯的。每砌一层土坯铺一层稀泥作为找平层，再砌上层。有的墙体在两层土坯之间加入木板，是为了加强整体的整体性，防止不均匀沉降。

西藏民居的生土外墙常以"祖日"图案作为装饰。这样的图案可以使雨水沿着墙面快速地向下流，降低了向土墙内渗透的危险。其工序是先敷一层普通黄泥作为外保护层和找平的底灰，再敷上较细的黄泥，用手指抹出半圆形的水波纹图案（图5-27、图5-28），犹如水面上泛起的涟漪，最后用盆向墙面泼洒白石灰液。此水波纹形状不但起到固定白石灰液的作用，还可以使多余的液体向下流淌，在墙面形成凹凸不平的特有质感，成为藏族民居独特的外墙装饰。早期这是一项专门的工种，专由女人负责，现在房屋建造多请来外边的施工队，已不再讲究这种传统分工。

阿坝地区藏族石砌民居因地制宜地使用当地的片石作为建筑材料，这使他们的建筑外观质感有着和当地环境一样的粗糙豪放之美，在建筑空间上的处理更有独到之处。而其外立面装饰更是美轮美奂，在粗犷中透出极高的审美意识。

1）结构体系

甲居藏寨住宅建筑的结构体系

甲居藏寨的传统建筑大多采用石木结构体系，其结构的最大特色为在墙承重的基础上结合梁柱承重的结构形式。这种结构体系体现为外刚内柔或下刚上柔的特点。其外墙和位于牲畜圈的底层多采用石墙承重，内部或顶层的部分部件采用梁柱承重。

甲居藏寨的住宅有"先砌筒子，后盖楼板"的做法，建筑的外面是厚重的承重墙体，而在建筑里面、特别是最上边的两层，只有外部为石墙，里面大部分都是木质框架结构的梁架结构体系和楼板，荷载的传递方式有内框架结构体系的特征，为类似内框架结构的结构体系。但建筑的底层仍然全为墙承重的结构，上面也有承重的分隔墙，因此，可以称之为"类内框架结构的结构体系"。

图5-27　用石块与石片砌筑的墙体

图5-28　水波纹装饰的生土墙面

2）建筑与室内外美学价值评价

"不是孤立地摆脱世俗生活，象征超越人间的、出世的宗教建筑，而是入世的、生活环境连在一起的宫殿宗庙建筑，成了中国寺院建筑的代表。从而，不是高耸入云，指向神秘的上苍观念，而是平面铺开、引向现实的人间联想不是使人产生某种恐惧感的异常空旷的内部空间，而是平易的、非常接近日常生活的内部空间组合，构成中国建筑的艺术特征。在中国建筑的空间意识中，不是去获得某种神秘、紧张的灵感、悔悟或激情，而是提供某种明确、实用的观念情调。"实用的、入世的、理智的、历史的因素在这里占着明显的优势……这种理性精神还表现在建筑物严格对称结构上，以展显严肃、方正、井井有条理性。所以，就整个建筑说，比起基督教、伊斯兰教等宗教建筑来，它确实相对低矮、比较平淡，应该承认逊色一筹，但就整体建筑群说，它却结构方正，透逃交错、气势雄浑。它不是以单个建筑物的体状形貌，而是以整体建筑群的结构布局、制约配合而取胜。非常简单的基本单位组成复杂的群体结构，形成在严格对称中仍有变化，在多样变化中又保持统一的风貌。"这段话是美学家李泽厚先生在《美的历程》之三"建筑艺术"里，论述中国寺庙建筑的艺术特征时写下的。

藏式寺庙，特别是布达拉宫建筑艺术仍具有自身的鲜明个性和特点善于从各种结构、构图、风格的矛盾对比中择取最佳方案，从而形成风貌多姿多态，审美多种多样，既雄伟壮丽又浑厚稳重，既金碧辉煌又祥和静淡。仅以它的高大雄浑来说，上面已作了简单地叙述，它高大却不突兀，因为依山堆砌，与山体吻合无间，很像山体的自然延伸，而平顶和两侧的圆形堡垒，又加强了圆通恬静的神韵，在这整体中又突出主体建筑的气势，用布设横纹饰带，多设盲窗等，使实高九层的宫楼具有十三层高的表貌。在整体的浑厚平稳中又精心布置金塔层顶，突出富丽堂皇。总之，它通过各种关系和比例的艺术处理，达到"中和"之美的意境，高耸而不凌压，稳固却有动态，匀称又有变化，但在多姿多彩的设计里又力求外观轮廓的均衡统一。

藏族有白石崇拜的习俗，习惯在屋顶或门上、石檐、女儿墙角堆放白石，给屋顶外观造成起伏变化的轮廓线，使屋顶的造型丰富耐看。

甲居藏寨民居建筑中所涉及装饰题材内容丰富繁多（图5-29），归结起来有法器、文字、物品、符号、动物、植物等。如吉祥八宝图（包括宝伞、金鱼、宝瓶、莲花、右旋海螺、吉祥话、胜利幢、法轮）吉祥八物（镜子、牛黄、奶酪、长寿茅草、木瓜、右旋海螺、黄月一、白芥子）、七政宝（金轮宝、神珠宝、王后宝、大臣宝、大象宝、胜马宝、将军宝）、六长寿（岩长寿、人长寿、水长寿、树长寿、鸟长寿、鹿长寿）、和睦四瑞图。这些装饰题材应用于窗权、门扇、梁、垫木、内墙体等构件上，这些装饰题材共同构成甲居藏寨民

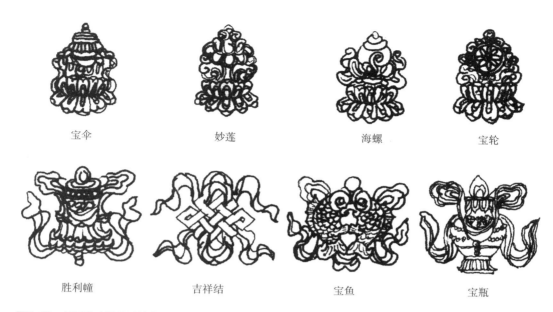

| | | | |
|---|---|---|---|
| 宝伞 | 妙莲 | 海螺 | 宝轮 |
| 胜利幢 | 吉祥结 | 宝鱼 | 宝瓶 |

图5-29 甲居藏寨民居建筑装饰题材

居建筑多样化的装饰艺术语言。这众多的装饰题材中充分反映出富有地方浓郁民族情调的装饰艺术语言。

3）在建筑空间里的各种活动所营造的生活美

在今天的藏族民居中，"围火而居"的生活格局仍完好地保留着。厨房墙边有碗橱、水缸及打酥油茶桶，中设炉灶，围绕炉灶、靠窗及另一墙下呈L形平面布置藏床，形成高度集约化使用的空间。不同于作为辅助房间的汉族厨房，藏族厨房在民居中属于重要的主室。由于能源匮乏，普通藏族家庭不可能为每间卧室采暖，所以通常只在厨房生火。设置炉灶的厨房自然成为住宅空间中使用最频繁的房间，进餐、饮茶、会客，有的藏族家庭夜晚甚至全家都睡在厨房，因为这里温度较其他房间高，可充分地利用有限的热量提高热舒适性。所以，厨房兼具了客厅和卧室的多重作用，不仅要面积大，能够容纳很多人就座，而且要求朝向好，开大窗，阳光透过窗户照在靠窗的藏凳上，温暖适宜。

由于地形跌宕起伏，西藏民居的院落少见平原地区那样严正的轴线对称和方整的形态，院落的形状根据地形地势随意布局，灵活多变，并无定法。封闭的院落围合成向心性的内部空间，加之藏族素来喜爱植物，在院内种植树木、养育花草，营造了宜人舒适的微气候环境，是进行家庭日常活动的重要场所。同时，门窗朝向院内也减少了高原风沙的侵害（图5-30）。

由于山地条件的限制，缺少大面积集中的平坦用地，藏族碉房"屋皆平顶"的形式自然

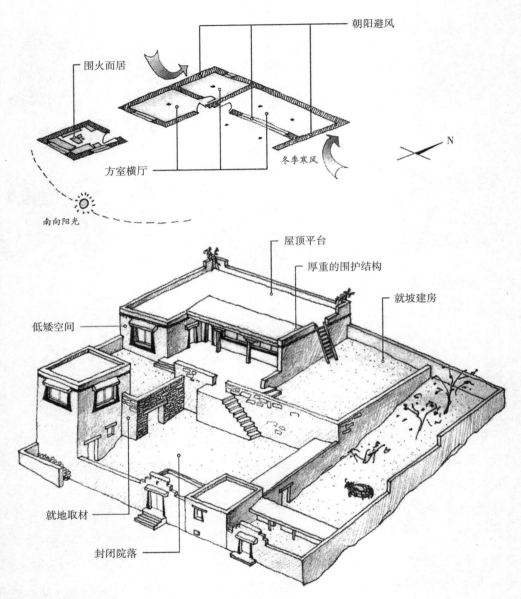

图5-30　西藏民居的院落

形成可供利用的屋顶平台，有充足阳光和开阔视野的平台兼有交通、眺望、扩大起居面积的作用，丰富了建筑的使用功能和空间层次，成为住户不可缺少的生活场所。乡村住宅底层多为牲畜棚和杂物储存，牲畜棚屋顶除了作上层房间的交通和户外活动场地之用，还兼有农作物的晾晒、脱粒、储存等用途。最上层房间的屋顶作为住宅中最接近上天的地方，往往还要肩负着宗教祭祀的功能，四角或两角筑有插经幡的墙垛，有的屋顶上还筑有煨桑炉。

# 第6章 传统民居装饰元素应用于当代建筑设计的范围及途径

前几章分别对当代应用传统民居装饰元素中存在的问题到对传统民居装饰元素归纳总结、整理分析做了讨论，探讨了传统民居装饰元素的类型特征，第4章讲述如何将传统民居装饰元素中优秀的基因吸收应用到当代建筑，本章将解读应用于当代建筑设计的范围及途径。

## 6.1 应用于室内设计

当代快速城市化发展进程中的社会出现了浮躁与繁华的城市环境，有更多的人追求宁静、温馨、自然的生活环境空间。传统民居装饰元素具有营造空间艺术氛围的作用，将其应用于室内设计，能实现建筑与室内的良性互动系统集成。

由台湾建筑师李祖原设计的盘古大厦，空中四合院设计成为关注的焦点。它将北京四合院整体的移植到盘古大厦的顶层，基本上采用"直接加工转换运用"的方法，活化了北京民居的空间结构及装饰元素，在当代用地紧张的北京不可否认也是一种空间形态发展形式的探索（图6-1）。空中四合院把传统的四合院搬到室内，把传统民居的装饰理念运用于当代建筑设计中，并且顶层有可以开启的顶棚，让室内与室外产生互动，融为一体。

另外一个较好的设计案例，如曲阜孔子研究院主题建筑大厅内（图6-2），进入其中，

图6-1 盘古大厦屋顶室内四合院设计
（资料来源：盘古大厦宣传册）

图6-2 孔子研究院室内群雕与壁画
（资料来源：笔者自摄）

首先被高20m，宽10m的东阳木雕壁画所震撼。东阳木雕为装饰性雕刻，主要选材为松木、香樟木、山白杨等，充分利用木材的天然纹理雕琢，画面以"山高水长"、"四时行焉，白雾生焉"为设计主题，根据中国画中白描的绘画手法，把孔子与弟子们畅谈人生的背景场面栩栩如生地展现出来，加上前面的侍坐群雕配合，使简单的三维性画面融入了感情、时间、空间，建筑空间由二维变为四维，整个场景活灵活现，栩栩如生。

## 6.2　转化为装饰造型元素

建筑装饰造型元素是通过采用一定的建筑材料、以一定的表现手法，营造建筑空间氛围，塑造建筑空间艺术气息的可视的平面或立体形象的构成要素。传统民居装饰元素本身作为附加于建筑构件上营造空间的艺术载体，构成要素是点、线、面、体，而当代建筑设计中利用传统民居装饰元素的形态特征营造空间，塑造了有装饰意味的空间。装饰造型元素是对传统民居装饰元素的直接传承，传统装饰元素的本质即为装饰空间，使人们生活舒适、美观、养性、养生，但大都依附于功能，而当代中国建筑中有些装饰演变成为装饰而装饰，已经背离了装饰元素的实用价值。

比较好的案例如大理文献小区一期（图6-3）的规划设计方案，建筑采用了大理民居中"三坊一照壁"的内院模式，屋面为坡屋顶，墙体为灰白色，并用木色点缀装饰，这些点缀装饰的木构架用于墙体表面，转化为装饰造型元素。

图6-3　大理文献小区一期
（资料来源：《全国人居经典建筑规划设计方案竞赛获奖作品精选》）

## 6.3　运用于当代建筑表皮

在第4章讲了冰裂纹与冰凌纹是直接加工转换运用的方式应用于北京奥运场馆鸟巢之中的，这其实为"提取元素有机组合"运用于当代建筑表皮的一种形式。鸟巢体积庞大，它不只是造型新颖，建筑立面统一，与结构浑然一体，运用了传统民居装饰元素中的冰裂纹与冰凌纹，但它也像是一个巨大的陶瓷容器包裹着整个场馆，包容着庞大的观赏比赛人群，把原本凌乱而复杂的无序状态通过统一的表皮设计营建达到统一，它的整体空间结构对结构专业而言是一个挑战。鸟巢的表皮是一个巨大壳体结构，整体建筑中把顶、柱、墙整合在一起，统一于一种表皮语言，将钢筋混凝土用编织手法使表面整体一致，镂空布局一致，包裹着碗形的看台，形成在错乱中有统一的网架支撑结构，于外是"表"，于内是"皮"。鸟巢现在已经成为北京的一个标志，北京城市的象征，成为北京城市界面上的重要背景与旅游观光客的首选之地！站在鸟巢的脚下能给人带来强烈的视觉冲击力，远观是城市的立体画景。由装饰元素围合的镂空的表皮不只是薄薄的一层，而是有自己的厚度，它限定了场馆内外中间的介质空间，这个空间是通透的、过渡的、有故事的，人们在表皮之外过滤分流，表皮中间预热，表皮内部狂热沸腾，形成有情感与戏剧交融的表皮空间。水立方也运用了同样的做法，把几何纹样与建筑外表皮表现内容的概念做到了极致。

图6-4　贝聿铭的苏州博物馆假山设计
（资料来源：笔者自摄）

## 6.4　应用于景观装饰

当代景观园林成为人们休闲娱乐的公共场所，如何让人们在这个空间中感受场所精神，表达文脉特征，并在场所中产生获得"方向感"与"认同感"，也是景观园林设计师探讨的问题。在设计中，借鉴传统民居装饰元素的构成特征、装饰装修方法、营建手段，采用现代材料，创造个性空间，让传统与现代在场所中融合共存。景观环境要与人形成亲密的关系，给人归属感，环境亲切怡人，在心理上能从环境中获得安全感。由此而想到了贝聿铭先生的苏州博物馆（图6-4），设计师取米芾山水画为原型（图6-5），将中国水墨山水画进行变形，使之成为立体图形，用深灰色石材，按画中线条进行剪裁加工，用立体雕塑表现国画的意境。把原本二维的平面图像转换为三维的立体场景，增加庭院的前后空间及进深，使整个庭院由静态空间变为动态空间。

图6-5　米芾山水画
（资料来源：http://www.zhuokearts.com/artist/art_display.
asp?keyno=239518）

每个景观环境对于人们的回忆在某种程度上都是独一无二的，都有自身特定的周边环境，由事物、活动连接成人们网络记忆的结构符号。因而在进行景观装饰时，需要有一种鲜明的代表原有景观与环境的符号，让人们的产生连续性记忆，这个符号让人们有了安全感与归属感。在景观装饰中，人们喜欢运用各种传统民居装饰元素为景观绿化底图和主要的装饰构件设计的母体，如图腾纹样、抽象的与具象的动植物图案等。

## 6.5 古建筑修复中装饰元素的替换和重构

中国的老一辈建筑学家如梁思成、林徽因、阮仪三、关肇邺、单德启教授等，曾不遗余力地呼吁保护中国的传统建筑文化，也正是因为这些建筑师及其后人的不断努力，使得当前国内的确保留了许多优秀的传统民居建筑，他们被列入中国文物建筑保护的行列。另外，有中国历史文化名城、名镇、名村的保护名录，也对传统文化城市与村镇民居保护起到保护与发展并重的作用。当前国家也主要是对这些列入文物保护的建筑进行修复，对于普通的民居只有居民自己修复，工匠的减少，技术的失传，传统材料的昂贵，普通民居也渐渐地被当代的材料与技术代替，笔者认为修复破损的现存文物建筑具有重要意义，它能提供当地真实民居营建最可靠的原始资料，传统制作工艺等。受当今社会利益的驱使，人们也开始看到民居创造社会效益的同时，也创造着经济效益，如在传统村落村镇周边建成旅游区，商业网点等，开展旅游业转型，为城市居民的周末自驾游、农家乐提供空间场地。

笔者曾经跟随导师做过江苏同里卧云庵与昆明盘龙区龙头村内几处民居的测绘工作，这些建筑都是重点文物保护的建筑，卧云庵在前面跨学科当代应用的问题中有介绍，倘若不是文物保护所出面组织测绘修复，以目前的状态该建筑最后的结局也很糟糕！昆明盘龙区原是龙泉镇古镇，因在抗日战争时期，许多文化名人以及知识分子工作与生活在此而出名，村落有很多典型的"一颗印"民居，该村镇是由几个自然村落共同构成，笔者与小组成员负责龙头村的4处民居测绘，这四处民居的门牌号为：114–115号民居（图6-6、图6-7）、241–243号民居、246号民居——王家大院、300–301号民居，这四处民居是该村落中保存较完整的民居，因此需要对这些民居及民居装饰进行测绘，保存文档。在整个测绘的过程中协调工作是比较难做的，许多村民认为政府在测量之后就会将其定位为文物保护单位，而维护的费用是由自己支付，因此村民不希望对这些民居进行保护。当前盘龙区龙泉镇的"一颗印"民居隐藏于当地自建的二层或者三层的混凝土建筑之中，以前的庭院空间已经丧失，大量的传统的门窗木雕装饰元素也被铝合金门窗代替。而通过这次艰辛的测绘工作，希望这些测绘的图纸能被用作当地破损的民居建筑修复的重要资料，许多破损的门窗也能根据笔者测绘的门窗形式进行推导替换和重构修缮，让"一颗印"民居能更好地传承与发扬。

图6-6　昆明龙泉镇114-115号民居正房装饰
（资料来源：笔者自摄）

图6-8　湖北恩施州利川市"大水井"窗棂
（资料来源：笔者自摄）

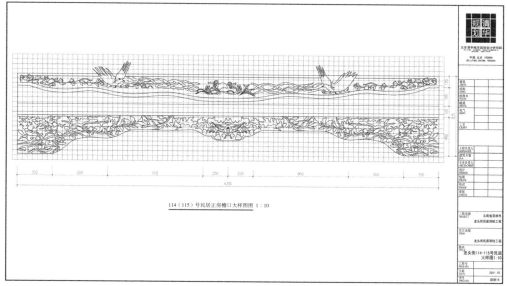

图6-7　昆明龙泉镇114-115号民居正房檐口装饰
（资料来源：笔者自绘）

另外笔者在调研湖北恩施州利川市的"大水井"（李氏祠堂）与李氏庄园的过程中，发现该建筑群正在做修复工作，采用的手法就是根据既存的装饰元素对破损或者丢失的装饰元素进行修补（图6-8），调研中笔者发现在这种新旧的对比中恰恰展现出民居建筑装饰的魅力。

## 小结

传统民居装饰元素的应用范围较为广泛，内容涵盖较多，现实的例子也较多，这也突出了本研究的重要性。通过归纳分析这些案例应用的范围及途径，使我们在设计中更有针对性地采用正确的方法途径来营建。

# 第7章　若干相关实践研究案例分析

实践是理论研究的重要目的，同时通过实践反过来检验和修正理论。下面介绍笔者做的两个实际案例，这两个案例都是用于景观设计案例，通过文前总结的方法与观点有针对性地解读，有些观点虽然很不成熟，但能反映出笔者在传统民居装饰元素在当代建筑设计中研究通过应用的部分成果，实证笔者总结的一些观点和方法。

## 7.1　安徽马鞍山南湖公园及花雨广场规划设计

马鞍山市的南湖花雨广场原来是作为市政府广场，承担了大型政治集会与市民活动于一体的功能，设计与建设注重了轴线和庄重对称关系，显得过于庄重严肃。随着新市政府以及广场的外迁建设，花雨广场的功能和性质有了较大的调整与转变，它将更多地为市民提供休闲娱乐、健身和多种与室外公共活动的美好场所空间，它也将变得更加"人性化"与"生活化"。基于以上分析，本方案在原花雨广场基址上，设计了一形态为八边形的主题广场（图7-1），既表现了本广场作为马鞍山的大门厅，他有博大的胸怀来喜迎"四面八方"的宾客，承传了中华民族的"有朋自远方来，不亦乐乎"的美德，同时，又表达了传统哲学思想中天地阴阳运动变化的规律。该方案提炼出的设计理念：（1）提炼马鞍山市与南湖景观特质，表达"刚柔并济"的城市空间辩证发展规律。（2）结合"刚柔并济"的思想，取阳刚之势，造阴柔之美。

我们采用"直接加工转换运用"的方法在花雨广场的南侧，将移动的奔马雕塑作为空间主题性、标志性的前导景观建筑，同时结合此雕塑，提供了两个辅助的景观建筑小品设计，一个为由六组红色钢制大门环绕拱卫的入口，其图案由"马"字和"天地乾坤"的卦符组合而成，既描写了马鞍山大门厅三匹奔腾骏马的"马"主题，同时也揭示了市民们自建市以来，勤劳勇敢，追求和谐幸福生活，刚柔并济、守望相助的精神品质，这是将传统的八卦符号直接加工运用于景观装饰中的借鉴（图7-2）。

首先，我们采用提取元素有机组合方法——将东西两个入口广场休息廊和装饰性的影墙相结合，其构成尺度亲切，材料就地取材，其钢结构的柱廊和装饰门花均用当地产的型钢进行组合连接，同周边的绿化形成刚柔相济的景观空间序列，体现了本方案的设计理念（图7-3）。

图7-1　马鞍山花雨广场方案一设计
（资料来源：笔者自绘）

图7-2　马鞍山花雨广场大门设计方案一
（资料来源：笔者自绘）

图7-3　马鞍山花雨广场钢结构的柱廊
（资料来源：笔者自绘）

　　其次，我们采用抽象提炼原理借鉴方法——做另一大门构思，采用一白色钢构框架，在内框里，东西两侧各置一双拼的红色钢制大门，如照片相框将三匹奔腾骏马的"马"纳入主题。外形呈八边形的花雨广场有动感的分割线和石材铺地的组合，中心两组呈星云状的深色铺地有规律的动感构图，既揭示了物质世界的辩证发展的规律，同时也反映了中国道家思想关于世界本源的相生相克，和谐运动发展的图景（图7-4）。

　　总之，本方案设计从主题思想到设计形态内容，都力求表现马鞍山市新的"大门厅"景观有机统一的设计理念，将市民的日常生活需求与休闲、娱乐、健身和交往功能融合在人性化的广场与园林景观设计之中。

图7-4　马鞍山花雨广场大门设计方案二
（资料来源：笔者自绘）

## 7.2　安徽省石台县牯牛降生态旅游区大门设计

　　该大门设计是牯牛降生态旅游区的入口标识建筑物，位于安徽省石台县，通过在当地深入的场地、环境以及文化资源调研，认为要符合皖南地区风景区"好的建筑标准"是有以下几个方面内容：（1）布局合理，显山露水；（2）尺度适宜，突出环境；（3）色彩淡雅，乡土材料；（4）功能有机，与时俱进；（5）景观结合，亲切怡人。通过认真研究分析，我们提出了设计有三个方案，这三个方案各自有各自的设计理念，具体如下：

　　一号方案的设计理念是：石之方台，（喻县名）叠木成型，如翼斯飞，表现生态景区。大门屋顶形式是对传统民居装饰元素的"直接加工转换运用"（图7-5）。石台是一个多山多石的县城，整个县城地貌是一个不同海拔高度的山体和山地的层叠而组成，正如县名所直接表达的意向，该方案是此特定意向建筑的表达。

　　二号方案的设计理念为表现原生态的意向：牯牛角的力度，徽派民居的淡雅，牌坊的标志性，现代建筑材料表现。此方案是用新材料、新技术提取传统牌坊的元素加上徽州的粉墙进行设计，是当代建筑景观空间设计吸取中"提取元素有机结合"的方式（图7-6）。通过在牯牛降风景区的调研，发现其牯牛的标志既局部，又具有特色，那么景观入口的大门设计

图7-5 牯牛降大门设计方案一
（资料来源：笔者自绘）

图7-6 牯牛降大门设计方案二
（资料来源：笔者自绘）

图7-7 牯牛降大门设计方案三
（资料来源：笔者自绘）

能否以此为切入点来设计有性格特点的大门呢？

三号方案的主题意向为"开门见山水"。游客到牯牛降游玩，既能观赏美丽律动的山水，又能"见仁见智"。该设计方案钢架结构与周边的水系山体相呼应，提取徽州民居的建筑装饰及构成元素，是对徽州民居整体空间关系的"抽象提炼原理借鉴"，建筑生动别致又不乏传统民居的意味（图7-7）。笔者从小在石台县城长大，在整个初中、高中岁月的生活中，对石台的山水景观非常熟悉。所谓从"开门见山，青山绿水，白云飘荡"都是日常生活与学校学习中常见的景观，并不像现在生活在城市里的人很难见到蓝天白云，很多时候受到雾霾的困扰。

# 结 语

本书立足于中国传统民居装饰元素——传统民居装饰构件，构件表面的图形、图案、纹样，以及装饰元素营造的艺术空间的当代应用进行研究，通过全书的阐述、分析与研究得出以下主要结论：

书中通过对若干地区民居装饰元素的分析，发现传统民居装饰元素内容的相似性及运用的相通性。我国各地区的民居装饰元素种类繁多，题材丰富多样，并受到各地文化与地理自然环境的影响，总体来说具有相似的基本特征与构成手法，都依附于建筑空间与建筑构件、结构而存在，但也各自有特色的民居装饰元素。

本书通过纵向的时间轴和横向的地域轴，综合分析了传统民居装饰元素因时代、地区差异形成的独特美学审美价值以及鲜明的个性特征。

本书中总结了传统民居装饰元素研究的类型特征，归纳了三维立体装饰、半立体装饰、平面性二维装饰三种形态构成形式，总结出由整体到局部、由远及近的观察传统民居装饰元素的方法。文中通过实地调研，以小尺度的传统民居装饰元素的当代应用为出发点展开探讨，由物质到精神、由实到虚、由微观到宏观的结构进行分析探讨，最后总结出当代建筑设计借鉴传统民居装饰元素的三种方法：直接加工转换运用、提取元素有机组合、抽象提炼原理借鉴三种方式的借鉴。传统民居装饰元素在当代的四种综合表现：新技术、新材料和新表现；吸取传统民居装饰元素的细部设计与产品设计的结合；生产地域化的预制构件；因地制宜综合运用。当代运用的几种发展途径：转化为装饰造型元素、应用于室内设计、运用于当代建筑表皮、应用于景观装饰、古建筑修复中装饰元素的替换和重构。

本书注重理论与实践的结合，以实际工程案例为目标，将理论研究付诸实践，用设计实践检验理论研究。

为了使具有我国民族特色的传统民居装饰元素得到永久性的发展，我们必须对其进行进一步的研究，通过挖掘整理，研究创新，传统民居装饰元素一定会在国际化中凸显自己的个性特色，优秀的设计师也会以本民族的文化视角设计出属于本民族的现代建筑空间与景观环境，恢复我们建筑文化应有的自信，让中华地域建筑文化不断传承发展，推陈出新。

# 参考文献

［1］吴良镛. 广义建筑学·文化论［M］. 北京：清华大学出版社，1989.

［2］单德启. 从传统民居到地区建筑［M］. 北京：中国建筑工业出版社，2004.

［3］清·李斗. 工段营造录［M］. 上海：上海科学技术出版社. 1984.

［4］沈福煦，沈鸿明. 中国建筑装饰艺术文化源流［M］. 武汉：湖北工业出版社，2002.

［5］李晓峰. 乡土建筑——跨学科研究理论与方法［M］. 北京：中国建筑工业出版社，2005.

［6］邵培仁. 传播学［M］. 北京：高等教育出版社，2002.

［7］楼庆西. 乡土建筑装饰艺术［M］. 北京：中国建筑工业出版社. 2006.

［8］吴良镛. 人居环境科学导论［M］. 北京：中国建筑工业出版社，2009.

［9］吕品晶. 中国传统艺术——建筑装饰［M］. 北京：中国建筑工业出版社，2000.

［10］李振宇，包小枫. 中国古典建筑装饰图案集［M］. 上海：上海书店，1993.

［11］张绮曼，郑曙阳. 室内设计资料集［M］. 北京：中国建筑工业出版社，1991.

［12］侯幼斌. 中国建筑美学［M］. 哈尔滨：黑龙江科学技术出版社，1997.

［13］王小斌. 演变与传承——皖、浙地区传统聚落空间营造策略及当代发展［M］. 北京：中国电力
　　　出版社，2009.

［14］单德启. 安徽民居［M］. 北京：中国建筑工业出版社，2009.

［15］易心，肖翱子. 中国民间美术［M］. 长沙：湖南大学出版社，2004：17.

［16］展望之. 中国装饰文化［M］. 上海：上海古籍出版社，2001.

［17］沈福煦. 中国古代建筑文化史［M］. 上海：上海古籍出版社，2001.

［18］楼庆西. 中国传统建筑装饰［M］. 北京：中国建筑工业出版社，1999.

［19］［日］卢原义信. 外部空间设计［M］. 尹培桐译. 北京：中国建筑工业出版社，1985.

［20］刘森林. 中华装饰——传统民居装饰意匠［M］. 上海：上海大学出版社，2004.

［21］张宏，高介华. 中国古代住居与住居文化［M］. 武汉：湖北教育出版社，2006.

［22］郭廉夫，丁涛，诸葛铠. 中国纹样辞典［M］. 天津：天津教育出版社，1998：289-294.

［23］［美］巴里·A·伯克斯（Barry A. Berkus）. 艺术与建筑［M］. 刘俊，蒋家龙，詹晓薇译. 北京：
　　　中国建筑工业出版社，2003.

［24］［日］伊东忠太. 中国古建筑装饰（上）［M］. 刘云俊，张晔等译. 北京：中国建筑工业出版社，
　　　2006.

［25］吴良镛. 中国建筑文化研究与创造的历史任务［J］. 城市规划，2003，27（1）：14.

［26］秦佑国. 中国建筑呼唤精致性设计［J］. 建筑学报. 2003（1）：21.

［27］梁晓丽. "暗八仙"图案及其装饰功能探微［J］. 新闻世界.

［28］陈绶祥. 民居装饰散论［J］. 装饰. 1991，4.

［29］赖德劭，黄中和．传统民居装饰与儒家文化［J］．小城镇建设，2001，9．

［30］侯林．朝鲜族民居装饰特点及在现代居室中的应用［J］．美苑．2004，3．

［31］张锦秋．传统空间意识与空间美——建筑创作中的思考［J］．建筑学报，1990，10．

［32］吴永发．徽州民居美学特征的探讨［J］．合肥：合肥工业大学报，2003，17（01）：80-82．

［33］邓莉文．传统与现代的融合与互渗——从传统装饰造型中借鉴到转换的装饰造型法［J］．湘南学院学报．2005，2．

［34］崔森森．新徽派建筑研究［D］．合肥：合肥工业大学，2006．


## 期刊杂志

［1］高小华，张书．传统羌寨的空间形态特征分析及其美学价值评价——四川羌寨传统与民间艺术研究调查报告

［2］唐太智．羌族村落建筑的布局之美

［3］任浩．羌族建筑与村落．建筑学报．2003．3

［4］马勇．川西地区羌民族建筑特点简析．黑龙江科技信息

［5］袁犁．古羌寨遗址建筑群布局与建筑特征探究．四川建筑科学研究．2006．12

［6］于春．"火笼"浓缩羌族人的生活场景

［7］陈大乾．从羌族文化，民风民俗看羌族建筑．四川建筑1995．10

［8］贾中．藏式建筑研究．武汉理工大学．2002

［9］唐妮．四川阿坝州藏族石砌民居室内空间与装饰特色．四川建筑．2006．6

［10］傅千吉．白龙江流域藏族传统建筑文化特点研究．西北民族研究．2007（4）

［11］何泉．藏族民居建筑文化研究．西安建筑科技大学．2009．5

［12］谢娇．四川甘孜州藏族民居研究——以甲居藏寨为例．西安建筑科技大学．2010．5

［13］叶玉林．布达拉宫的建筑美学．西藏艺术研究．1995